U0184634

独角兽
法学精品

人 工 智 能

彭诚信 主编

〔英〕
莉娜·丹席克 (Lina Dencik)
阿恩·欣茨 (Arne Hintz)
乔安娜·雷登 (Joanna Redden)
埃米利亚诺·特雷 (Emiliano Treré) 著

向秦 / 译

数据正义
DATA JUSTICE

上海人民出版社

主编序

一

　　2023 年，火遍全网的 ChatGPT 再次刷新了人类对人工智能的认知。ChatGPT 是一种全新的聊天机器人模型，它采用人工神经网络和深度学习等技术，能够学习大量的语言数据，从中提取语言规律和模式，生成具有逻辑和语法正确性的文本。ChatGPT 的背后，是基于大语言模型建构的生成式人工智能的不断兴起。由此引发的学术讨论，除了在特定领域内的针对性分析之外，进一步延伸到范式革命、治理迭代和规制创新等宏观问题。ChatGPT 及其引发的社会关注和学术讨论，延续了人工智能法学研究的基本逻辑：技术的迭代发展与法律制度保守滞后之间的张力。不同于人工智能应用初期带来的范式焦虑以及"假想式"研究，随着技术路径的逐渐稳定和学术共识的不断沉淀，法学领域的相关研究已经走向了具体化和精细化。在本体论层面，算法、数据与算力作为人工智能的三大支柱，基本没有争议，法学界通常直接借用专业领域的研究结论，以之作为论证的起点；从认识论的角度出发，法学研究主要聚焦于算法应用的风险规制和数据权益的法律归属；从方法论的视角观察，仍以法解释学为中心，限缩或扩张概念内涵以增强解释力，在论证过程中比较法的素材依然是重要依据，并最终落脚于既有规则的修改完善；如果上升到价值论层面，技术中立的预设已是不切实际的幻想，以跨境数据流动的国际博弈为切口，清晰地呈现出国家权力在人工智能法律问题上的建构性影响。

事实上，在人工智能法学这一命题之外，还有不少类似表达，试图更加完整、准确地提炼和归纳新兴技术引发的法律问题和研究旨趣。在信息法学、计算法学、认知法学、数据法学等概念之外，数字法学以其对数字技术、数字经济、数字市场乃至数字社会的整体性涵摄和概括性凝练，逐渐受到认可。虽然有关数字法学是否能够超越法学二级学科的束缚，甚至代表未来法学的发展趋势，从而实现法学理论的转型重建和曲线升级，在学术界还存在巨大争议，但是，这种统合与归并显然有助于拓宽思考问题的视阈和背景。在互联网发展的早期，线上世界与线下世界虽不至于泾渭分明，但毕竟区分明显。"互联网＋"的实践探索，则是社会生活数字化的先声与前哨。当智能手机与移动互联网普及应用之后，作为社会基本单元的人已经并将持续被数字化裹挟，随之而来的深远影响并非简单叠加"数字"之后，就能在"旧瓶装新酒"的路径依赖下获得正确答案。

鉴此，"独角兽·人工智能"第六辑在第五辑将"人工智能与隐私""人工智能与数据"作为国外法学精品专著筛选主题的基础上，进一步拓宽视野，锁定在数字社会这一背景下，分析与研究数据集中和数字权力可能引发的控制力矛盾，即人类飞速发展的控制能力和落后的自我控制力之间的内在冲突。数据垄断现象、数字市场秩序问题以及数字社会正义体系，本质上均是这种矛盾的表现形式或最终的价值归宿。之所以对筛选的译著进行上述限定，是希冀面对数字化转型的诱惑时，始终明确，无论是规范、规制还是治理，其核心的激励取向仍然要以促进和实现人的价值为中心。

二

本辑译丛是"独角兽·人工智能"第六辑。正所谓"半亩方塘一鉴开，天光云影共徘徊"，编辑和译者们以数据垄断、数字市场、数据正义为取向，精心选择了三部著作，以期能够让读者们透过现象看本质，从不同维度思考人工智能及其背后的数字技术对人类社会的革命性影响。这三部著作分别是莎拉·拉姆丹(Sarah Lamdan)的《"付费墙"：被垄断的数据》，安东尼奥·曼加内利(Antonio Manganelli)与安东尼奥·尼基塔(Antonio Nicita)合著的《监管数字市场：欧盟路径》，莉娜·丹席克(Lina Dencik)、阿恩·欣茨(Arne Hintz)、乔安娜·雷登(Joanna Redden)、埃米利亚诺·特雷(Emiliano Treré)合著的《数据正义》。

《"付费墙"：被垄断的数据》一书，分析了数据垄断给反垄断监管带来的挑战。在数字空间中，数据就是权力，垄断了大量数据的公司拥有很高的地位，并通过各种手段保持其控制力。数据垄断企业已经成为难以监管的"数据卡特尔"，本书形象地展示了挖掘和销售数据与信息资源的公司正在加剧社会不平等。目前，少数几家大公司支配了大部分关键数据资源，通过各种"合法"业务，掌控了数字经济命脉。通过对数据的控制，这些公司可以阻碍信息的自由流动，巧妙利用法律漏洞，以加剧数字种族主义等方式管理数据。私有化和网络中立阻碍了有效法律的制定，由此导致超大型数据寡头进一步的垄断合并。为了改变这种现状，除了制定相关法律和基于市场的解决方案外，将数据视为公共产品，通过构建理想的数字基础设施来支持其公共产品属性，是解决数据垄断问题的基本思路。

《监管数字市场：欧盟路径》一书介绍了欧盟的数字市场规制模式，分析了数字革命给欧盟监管机构和政策制定者带来的挑战，从监管机构和政策制定者的角度提出了应对方法。数字革命重塑了生产、消费和分配方式，为经济社会带来了新的机遇，同时也引发了巨大担忧。数字市场中的法律问题是全球性现象，但不同国家的应对策略不尽相同。本书由两部分组成，第一部分阐述数字市场和数字权利的演变，电子商务和共享经济逐步塑造了数字市场，数字市场需要多样化的数字公共政策，欧盟因此创建数字单一市场，推出诸如《地理封锁条例》《内容可携带条例》等跨境数字政策，并考虑建立数字权利体系的可能性。第二部分阐述了监管科技巨头对市场和社会的影响，当今主要的数字玩家仅限于少数几个大型全球平台，而竞争执法已成为公权力介入数字市场的先驱。同时，数字服务要求使用户基本权利得到保护，亦要求为企业提供公平的竞争环境。由此，欧盟委员会发布《数据治理法案》《数字服务法案》《数字市场法案》等重要政策法规，以期应对数字革命带来的监管挑战。

《数据正义》一书围绕"数据正义理论"展开。"数据化"并非仅是技术，实为一种"政治经济体制"，应优先考虑数据化带来的社会正义问题。第一，数据正义要求找到应对资本主义危害的方式；第二，数据化嵌入政府治理，导致社会成员权力弱化，数据正义要求政府机构优先考虑以人为本、团结建设；第三，数据正义概念必须链接全球社会学，绝非仅是"西方"的；第四，数据正义要解决数据化带来剥削、歧视、隐私侵害、监视、操纵、不公正等危害；第五，数据化限制了公民的主体性，数据正义要求确保公民在政治参与方面的积极与自主；第六，鉴于以"知情—同意"为中心的监管框架存在缺陷，应从保障个人权利到承认集体秩序，迈向数据正义政策。总之，数据正义关注不公正以及如何改变这些不公正。

这三本学术著作的选择主要是以"数据垄断、数字市场与数据正义"为主题，以期帮助读者对数据在人工智能产业应用和法律问题中的重要影响形成体系化认知。《"付费墙"：被垄断的数据》思考的是数据集中到少数企业后，数据权力对人产生的超强控制力问题；《监管数字市场：欧盟路径》反思的是地缘政治的背景下，如何规制大型全球平台的市场支配能力，以保护用户基本权利、维护数字市场公平竞争秩序；《数据正义》则以人类社会的正义斗争史为镜鉴，对数据化形成的政治经济体制及其普遍性进行分析，尝试将社会正义问题嵌入数据化审查，最终实现人的公平发展。数据化生存和数字化发展，无疑改变了既有的权力格局，对垄断、市场以及正义问题的关注，终究是在思索人的命运与价值。

三

三部学术著作既有显著区别又具有内在联系：数据垄断是一种客观现实，既体现了互联网产业发展中的马太效应，也是自由竞争在互联网领域长期占据主流价值的必然结果，更是社会生活数据化带来的消极影响之一；数据垄断与数字企业的市场支配力量存在紧密联系，欧盟在数字市场领域一直秉持积极干预的规制路径，但在全球数字市场中欧盟企业却难以与中美企业形成有力竞争，如何在竞争执法与激励创新之间寻求平衡，在全球范围内并无统一范式；数据垄断的现实以及由此产生的数字市场规制问题，最终影响个人权利、集体秩序及国际合作，数据相关的不公正亟须正义理论的关注与回应。由此，无论是数据垄断，还是数字市场，甚至数据正义，虽视角有区别、观点有争议、路径有差异，但其核心诉求却殊途同归：在数据化与数字化的生活方式和应用场景下，寻求个人与集体、企业与市场、社会与国家之间的最大公约数。

《"付费墙"：被垄断的数据》是对数据垄断及其带来的控制能力的一次全面审视，并再次警醒人们对数据集中化持有可能带来的负面风险保持关注："数据技术既是分享知识的神奇工具，也是控制信息流的危险工具。"如果说知识产权曾经制造了文化传播的壁垒和技术转移的门槛，数据集中和垄断则全面建构了个人的生活，并控制了信息获取的边界。大型科技公司的数据归集能力和数据持有数量以及数据行为模式，都对个人和中小企业形成了一种难以抗衡的控制力。较之于知识产权领域相对清晰的客体形态、具有明确期限的财产权形式、完整的权利限制制度，数据的法律性质与权益归属虽然在立法上仍未明确，但事实上的持有与垄断格局已然形成，其控制力并不弱于法定的财产权，如何在既有的反垄断法框架下回应这一问题已刻不容缓。

《监管数字市场：欧盟路径》立足于欧盟的数字市场规制模式，全面审视了欧盟在数字技术发展应用的背景下，应对数字生产、数字消费和数字分配的制度实践。长期以来，欧盟在数据领域强调个人权利的优位性，以《通用数据保护条例》为代表的立法文本更是被普遍解读为确立了对个人数据权利的强保护模式。在欧盟有关数字权利保护的执法实践中，虽然包括谷歌在内的互联网巨头遭遇巨额处罚，但一方面个人数据权利的保护仍然存在难题，另一方面欧盟在全球数字市场的竞争力并未获得显著提升。因此，欧盟如何在促进数字产业发展、保护个人数据权利、维持公平竞争的数字市场秩序等多重利益间取得平衡，怎样通过数字公共政策实现政治经济目标，仍然有待进一步观察。

《数据正义》是数据应用及数字经济背景下对社会正义问题的省思。数据的资产属性愈发凸显，政府机构也由此取得了在数据权力方面的信息优势。在数据全球化中，数据鸿沟进一步加剧，数据危害带来的不公正问题将更为普遍，公民的主体性在数据化背景下将进一步被削弱，流于形式的知情—同意规则以及其他以私权为根基的制度结构，在实现社会公正的过程中难以发挥实效。由此，立足于历史演进归纳的正义经验，吸纳在国际实践中逐步整合的正义规则，重新建构数据化审查中的正义理论，改变不公正的社会现实，将是人类在数字社会中面临的共同议题。

四

数据作为新兴生产要素，是数字化、网络化、智能化的基础，在我国数字经济取得飞速发展、数字产业规模不断扩大的背景下，数据基础制度的重要性不言而喻。数据产权、数据流通交易、数据收益分配、数据安全治理等问题已经引起国家层面的高度重视，相关制度的顶层设计已是箭在弦上。在未来的国际竞争中，如何充分发挥我国海量的数据规模和丰富的应用场景优势，兑现数字经济的潜能，实现社会的全面数字化转型，既需要技术能力的持续进步，亦有赖商业模式的不断突破，更需要法律规则的调整完善。编辑和译者们之所以慎之又慎地选择这三本国外专著，也是期望这些立足于不同国家和地区社会现实的观点与素材，能够对我国的数据垄断问题、数字市场规制以及数据正义实践提供借鉴经验和理论样本。

应当承认，人工智能及其相关的法律问题具有本土化特点，不同国家和地区在技术水平、市场结构和法律传统上存在显著差异。但数据持有的集中化和数据垄断的普遍性，以及由此带来的市场支配力量和控制力，都将对数字市场的竞争秩序和社会公平正义的实现产生显著影响。因此，站在中国看世界与通过世界看中国，对人工智能领域上述法律问题深入而持续的学术研究仍不可偏废。

彭诚信

上海交通大学特聘教授

上海交通大学人工智能治理与法律研究中心副主任

凯原法学院数据法律研究中心主任

2023 年 7 月 2 日

主编序 / 1

致　谢 / 1

导　言 / 1

第一章　数据与资本主义 / 11

　　第一节　大型科技公司的崛起 / 12

　　第二节　数据的价值 / 16

　　第三节　数据化下的社会关系 / 21

　　第四节　结论：数据正义是反资本主义吗？ / 24

第二章　数据与治理 / 27

　　第一节　对数据中信任的挑战 / 28

　　第二节　数据治理和关注历史的重要性 / 30

　　第三节　通过人工智能和自动化决策系统实现
　　　　　　数据化治理 / 34

　　第四节　数据治理产生鸿沟 / 36

　　第五节　结论：考虑潜在的数据化未来 / 42

第三章　数据与去西方化 / 45

　　第一节　数据普遍主义的问题 / 46

　　第二节　去西方化：假设、条件和意义 / 50

　　第三节　数据研究中去西化的四个维度：文化、
　　　　　　问题、案例和理论 / 52

　　第四节　结论：如何连接全球社会学与数据
　　　　　　正义？ / 60

第四章　数据危害 / 63

　第一节　数据危害记录 / 64

　第二节　数据危害分类 / 65

　第三节　结论：解决数据危害 / 76

第五章　数据与公民身份 / 79

　第一节　公民身份：法律地位与实践 / 80

　第二节　作为用户画像的公民 / 82

　第三节　数据化公民身份与民主 / 88

　第四节　积极的公民身份、素养与参与 / 92

　第五节　结论：在参与与控制之间的数据化

　　　　　公民 / 94

第六章　数据与政策 / 96

　第一节　数据规范生态 / 98

　第二节　监管趋势：两种政策 / 100

　第三节　知情用户和数据个人主义的问题 / 102

　第四节　制度性回应：数据管理 / 105

　第五节　话语、规范与利益 / 108

　第六节　结论：迈向数据正义政策 / 112

第七章　数据与社会运动 / 114

　第一节　社会运动、数据机构和政治 / 115

　第二节　数据与社会运动之间的相互塑造：

　　　　　生态、基础设施与想象 / 118

　第三节　反数据行动 / 122

　第四节　算法政治与行为主义 / 126

　第五节　结论：理解数字行为主义——数据正义

　　　　　的关键组成部分 / 132

第八章　数据与社会正义 / 135

第一节　信息、沟通与媒体正义 / 137

第二节　数据化与反规范的正义　/ 140

第三节　数据化时代的社会正义动员 / 146

第四节　结论：什么是数据正义？ / 149

参考文献 / 151

索引 / 199

3

致　谢

这是塞奇出版社关于"数据正义"系列的第一本书。我们感谢塞奇出版社的迈克尔·安斯利(Michael Ainsley)对这个系列的热情,感谢他在过去动荡的几年里对本书所倾注的耐心。我们也要感谢数据正义实验室(Data Justice Lab)团队的其他成员,尤其是杰西卡·布兰德(Jessica Brand)、哈利·沃恩(Harry Warne)、艾娜·桑达(Ina Sander)、莎拉·墨菲(Sarah Murphy)、菲克·詹森(Fieke Jansen)、菲利帕·梅特卡夫(Philippa Metcalfe)、哈维尔·桑切斯-蒙德罗(Javier Sánchez-Monedero)和杰德尔泽吉·尼古拉斯(Jedrjez Niklas),他们都为本书的撰写提供了有益的信息。

莉娜·丹席克得到欧洲研究理事会(ERC)对研究与创新计划地平线2020(Horizon 2020)的启动基金的支持(资助号:759903)。阿恩·欣茨的"数据与公民身份"一章建立在由英国经济和社会研究委员会(ESRC)资助的"数字公民身份和社会监督"项目研究基础上,而"数据与政策"一章则是由IT for Change领导、国际发展研究中心(IDRC)资助的"数字平台政策框架"项目所进行的研究。乔安娜·雷登的"数据与治理"一章由加奈勒·朗格卢瓦(Ganaele Langlois)和格雷格·艾尔默(Greg Elmer)领导的"受损的数据"研究研讨会和图书项目提供信息,该项目由加拿大社会科学与人文研究委员会(Social Sciences and Humanities Research Council of Canada)资助。雷登的"数据危害"一章建立在与杰西卡·布兰德和凡妮莎·特蕾莎(Vanesa Terzieva)的合作基础上,并得到卡迪夫大学新闻、媒体与文化学院(JOMEC)的资助。埃米利亚诺·特雷撰写的"数据与去西方化"一章部分内容从"来自南方的大数据"(Big Data from the South)倡议和"来自边缘的 COVID-19"项目(COVID-19 from the Margins)中获得了有益信息,其中倡议是与斯特凡妮亚·米兰(Stefania Milan)合作,项目是与斯特凡妮亚·米兰和西尔维亚·马西耶罗(Silvia Masiero)合作完成的。特雷在"数据与社会运动"一章的"算法政治与行为主义"部分提出的思考,是基于由卡迪夫大学新闻、媒体与文化学院资助、与提杰安若·博里尼(Tiziano Bonini)合作完成的 AlgoRes 项目;该章中的"反数据行动"部分得到了加拿大湖首大学 SRC SSHRC 研究发展基金的资助(资助号:1468486)。

最后,我们要感谢开放社会基金会(Open Society Foundations, OSF)的支持,他们资助的合作研究项目包括"数据得分作为治理"和"走向民主审计",这些项目加深了本书对数据正义的思考。

导　言

　　近年来，数据的广泛收集与利用一直是饱受社会公众和学术界关注
的话题。数据正义已经成为应对这一发展所带来的影响的重要框架，尤
其关注权力关系和社会正义的关键问题。数据科学家库基尔和迈尔·舍
恩伯格(Cukier，Mayer Schönberger 2013)提出了"数据化"(datafication)的
概念，意味着人类行为和社会活动将被转化为可以收集和分析的数据
点，这一日益增长的趋势在当代和未来社会将会是越来越重要的辩题。
根据传播学学者弗伦斯堡和隆伯格(Flensburg，Lomborg 2021)最近的一项
研究表明，迄今为止，"数据化"研究要么侧重于技术流程，要么侧重
于用户视角，但往往难以将这些方法结合起来，并且缺乏经验基础。事
实上，在早期，社会学家伊芙琳·鲁珀特(Evelyn Ruppert)呼吁对"数据
化"进行研究，以通过推进对数据的场景化理解来克服对技术层面或功
能主义术语的抽象分析(Ruppert et al. 2015)。因此，在数据化研究过程
中，必须同时处理基础设施的性质与用途，因为当开始应对社会数字化
现实时，仍然需继续厘清数字化发展中的利害关系。如何理解日益依赖
数据驱动这一现实对社会的意义？它是否改变了我们能够做什么、说什
么以及获得什么？如何理解自己和他人以及我们面前的机会是什么？它
会影响谁，以及如何影响？

如果不对"数据化"的基础设施、话语和实践作出基本理解，那么我们对社会正义中任何核心问题的讨论与评估都会受到限制。在这本书中，我们强调社会正义的问题，正是为了认识到数据化对于这些命题的重要性。社会发展不再局限于对效率、安全或经济增长方面的关注，社会公共生活各个领域中不断扩大的数据生成、收集和利用活动越来越被视为对经济、政治、社会与文化产生了实质性改变，以一种基于审查和理性批判的方式来巩固和引入权力动态。数据正义正是应对这一挑战的框架、方法和实践，即在数据化审查中优先考虑社会正义问题。换言之，数据正义的概念好比一个"镜头"，透过这个镜头可以询问、参与、推进和挑战当今社会中与数据化相关的正义和非正义问题。

2　　　　本书是数据正义实验室的合作研究成果。该实验室于 2017 年年初在英国卡迪夫大学的新闻、媒体与文化学院正式启动。成立该实验室的原因之一是认识到有必要关注这些更广泛的问题，并在正义与数据化交叉上推动更全面的社会讨论与参与。数据正义的重构最初将数据问题与持续的社会正义问题联系起来，以便进行更广泛的政治动员(Dencik, Hintz & Cable 2016)，并为更深入开展关于公民身份与治理的辩论提供信息(Hintz, Dencik & Wahl Jorgensen 2019；Redden 2018)。此外，数据正义架构作为强调数据政治和数据系统应用场景重要性的方式，可以明确识别和说明适用新数据系统所造成的危害的性质和多样性(Redden & Brand 2017)，从而为社会提供"保护伞"。数据正义也成为一种促进思维方式和边际数据利用的认知和探索途径，一种促进对认知不公平的补偿，这种不公平是指未能认可通过数据了解世界的非主流方式(Milan & Treré 2019，2021；Treré 2019)。

　　本书概述了数据化对社会相关影响的关键性讨论，以期能改变在数据相关问题的公共和学术辩论中占据主导地位的方法，即讨论往往集中在个人形式的技术或抽象场景上，这些抽象场景将人群定位为与数据发展同等位置的因素。反之，本书强调数据化的具体运作，不仅是一场纯技术层面的讨论，而且是系统性地涵盖基础设施、话语和实践，并渗透到不同社会形态中。研究中特别注意到数据化社会中的不平衡以及表现形式的不平等。此乃理解和讨论数据化与社会的交叉点的必要贡献。

一、为什么提出数据正义？

在本书对数据化的分析中，社会正义的特权植根于对技术的理解，即技术嵌入不同参与者和社会力量以及特定政治经济的融合中。从这个意义上说，数据产生和收集的方式、使用目的和使用方式并不是必然的，而是与特定的社会结构、利益和观念紧密相连。因此，在分析数据化和社会的交织关系时，秉承正义取向的价值观便认为，这种交织关系的性质从来都不是固定不变的。它受制于持续的冲突与协商，是在相互竞争的愿景基础上来推进的。对数据正义的关注迫使我们考虑基础设施和实践的经验现实，这些现实因素与本书所讨论的社会规范性要求相关。本书的目标不是为数字社会规范制定路线图，而是旨在铺平一条可以促进持续性讨论的道路，围绕什么是技术以及使其成为可能的社会和政治组织来展开。因此，数据正义意味着突破自然秩序的外观稳定，着手揭示当代权力关系。

数据正义概念的提出，借鉴了关于信息和通信系统对社会正义本质影响的一系列传统理论学说，也是基于对大数据(包含机器学习和人工智能技术迭代)发展以及如何处理其发展方面明显存在的局限性这一双重背景的日益关注。尤其是 2013 年"斯诺登泄密事件"(Snowden leaks)的揭露，将"大数据"的社会意义推向了公众和更主流的视野(Lyon 2015)，但通常围绕的是提高社会效率与国家安全、监视与隐私保护之间的简单二元关系(Hintz et al. 2019)。尽管这些讨论促进了新兴技术的应用，其中包括隐私增强技术和加密技术的主流化、个人数据权利的赋予和反监视社会运动在公共领域的展开，但仍然难以解释数据化对更广泛的社会正义的影响(Dencik et al. 2016)。

关于数据化影响的理解往往忽视了正义的不同概念问题，例如分配、程序和承认，而倾向于对个人权利和机会进行更狭隘的解释(Gangadharan & Niklas 2019)。然而，以数据为中心的基础设施的数据化转变，对于与经济、政治利益相关的历史与制度转型以及国家与资本之间的战略结盟而言，都具有重要意义。这种结盟塑造了民族国家之间以及民族国家内部的历史。基础设施的转型有助于理解市场与治理机制的本质，其不仅可以增强监控潜力，还可以对社会形成分类机制(Gandy 1993)。这些分类机制的方式及其与历史背景、社会结构和主要待议事项的关系，不仅涉及个人隐私或者其他人权问题，更重要涉及正义问题。因此，对通信系统和信息基础设施的关注很重要，与如何理解数据化社会以及应该在这样的社会秉持怎样的正义与伦理问题相关，但主流正义理论并未将基础设施置于重要地位(Bruhn Jensen 2021)。

因此，数据正义概念的提出与数据研究相关领域中各种担忧密切相关，试图在历史背景、社会权力动态、意识形态和社会现实等语境下研究数据问题(Kitchin & Laureault 2014；Van Dijck 2014)。研究前提是将数据化发展与社会正义问题结合起来。这一种研究方法意味着从不同视角来讨论数据正义问题，通常涉及跨学科与非传统的方法。

近年来，数据正义主要被用作"表示对数据的分析，特别关注结构的不平等性，突出社会中不同群体和社区的数据影响与经验的不均衡"的一种方式(Dencik，Hintz et al. 2019)。基于不平等性的认识，产生了支持数据治理的新原则，从而更好地解释这种不平等(Heeks 2017；Taylor 2017)，或者认为数据处理实践使得数据的代表性和权力不对称性变得明显(Johnson 2018)。其他方法基于数据基础设施出现的条件与设计过程的考察，提出了具有前瞻性的正义理念。其结论是呼吁更多的主体参与数据化实践，强调社区的参与，并寻求建立替代的自下而上的基础设施，从而增强而非压迫社会中的边缘化群体的权力(Costanza-Chock 2018)。此外，在行动主义与技术的关系中也出现了关于数据正义的辩论，数据被视为恢复或挑战主流的世界认知，为重新理解社会正义创造了可能的条件(Gray 2018；Milan & van der Velden 2016)。

基层组织与社会正义运动正在通过"数据正义"框架这样一种全面且关键的方法来应对数据化。作为年度黑人生活数据会议的一部分，美国媒体正义中心(Center for Media Justice)创建了自己的数据正义实验室,致力于思考如何将监控、拘留、互联网权利和审查等问题研究与数据、行为主义联系起来。底特律数字正义联盟(Detroit Digital Justice Coalition)与当地居民合作,研究发现了公共机构收集公民数据可能产生的潜在社会危害,表现为对低收入群体、有色人种和其他目标群体的刑事定罪和持续监视。因此,该联盟制定了一套关于收集、传播和使用数据的公平指导原则。在2016年特朗普当选美国总统之后,美国/加拿大环境数据与治理倡议(Environmental Data & Governance Initiative, EDGI)保存科学数据并在此基础上开发了"环境数据正义"(environmental data justice)框架,该框架包括环境数据的政治、生成、归属与使用问题。人们越来越重视与数据相关的"主权",尤其是本土数据主权运动的日益壮大。该运动由世界各地的联盟和团体组成,认为原住民族是收集和使用有关他们的数据的决策者。这一方向建立在对原住民族及其知识体系、习俗和领土的持续榨取和剥削的长期斗争基础上(Kukutai, Taylor 2016)。此外,数据正义相关的主题还体现在"平台合作主义"(platform cooperativism)运动中,以合作主义为价值基础,旨在挑战平台资本主义下出现的企业权力和治理的性质,为在数字经济中创造更公平的未来。上述主题讨论奠定了以公民为中心建立数据基础设施的公共治理结构的基础,例如巴塞罗那地方政府在"技术主权(technological sovereignty)路线图"中所表达的愿景。

5

　　本书认为,不同的方法彼此之间会相互冲突,这表明数据正义的含义仍有待商榷。因此,不能将数据正义理解为一个预定义的最终目标、具有普遍适用性的抽象理念或固定实践,而是像对正义的理解一样,是要经过斗争和协商的概念。我们很容易扩大对数据正义的理解,而不仅仅是关注单一的发展或具体的危害,例如算法偏见、数字歧视或补救权的普遍讨论。相反,我们将数据正义理解为系统性批判的一部分,该批判为更广泛的社会变革和技术在其中的作用而努力。

二、研究方法

　　本书将数据正义作为一项研究议题,使数据化和社会正义交叉点的关键领域汇集在一起，这些领域源自数据正义实验室的研究。本书各章节反映了数据正义辩论的核心原则，涉及资本主义、政府、殖民主义、危害、公民身份、政策、行动主义等问题，并最终涉及对社会正义的理解。当然，这并不是一份详尽的清单，而是反映数据正义实验室的阶段性研究成果，是在过去几年中集体和独立进行的实证研究和概念发展。

实证研究调查了数据化、算法治理和数据使用的多个维度。其中，几个项目已经解决了政府和企业对数据的分析使用以及公共服务(包括社会福利、警务和边境管制)日益自动化的问题，劳动场所的数据化，国家监控及其对数字公民身份的影响，在英国使用数据评分和"公民评分"，以及这些努力的失败和逆转。其他项目探索了数据危害，数据政策，公民参与和干预数据系统部署的可能性，以及数据化在"全球南方"(Global South)和数据化社会边缘地区的具体实践、愿景和影响。大部分研究都是由学术和非学术机构资助的为期一年或多年的研究项目，包括欧洲研究委员会(ERC)、英国经济和社会研究委员会(ESRC)、卡内基英国信托基金会(Carnegie UK Trust)、社会科学和人文研究委员会(加拿大)和开放社会基金会。实证调查包括对政策制定者、政府官员、民间社会代表、社区的采访，团体和其他利益相关者数百次的访问，政策文件分析，媒体内容分析以及对相关现场、论坛、会议参与者的观察。

通过探讨这些不同主题，并基于对当代数据化的深入分析，本书旨在通过探索经济、政府、公民身份、政策和民间社会正在发生的变革，以及对数据化危害的担忧，结合统治与抵抗的关系、权利与自由的观念，来解释数字社会中正义问题与数据化的关联。通过将这些结合在一起，本书强调数据化的多面性和切入点的多样性，从而引起对数据正义的共同关注。从这个意义上说，本书将数据正义视为一种概念和实践，延续并建立在与压迫和解放有关的历史辩论和斗争之上，而不是一种基于将数据化视为社会关系革命性转变的观点的新型规范理论。

全书贯穿着对这种历史性的坚持，意味着我们所理解的社会与公共生活领域对数据化驱动系统的日益依赖所带来的变革，与由众多社会力量参与和塑造的社会转型密切相关。此外，对正义影响的关注，并不一定要寻求建立新的原则或权利，而是着眼于将与数据相关的发展整合到现有的社会正义理论框架中，包含广泛的原则、权利和自由。换言之，本书是对平等、承认、公平、歧视和人类繁荣等问题的关注，并不仅考虑数字权利，还考虑人权、社会和经济权利，同时将这些问题置于更广泛的系统性变革的背景下。

因此，本书的研究方法是将数据正义视为一种途径，通过这种途径提出有关社会如何组织以及技术在社会形成中所扮演的角色，及其影响的问题。作为社会科学研究，注重广度和深度的结合。在整个研究过程中，调查了有关数据化的理论和实践，以便能够尽可能多地、更好地理解关键转变。将实证研究与定性调查方法相结合，从而确保研究以对不断变化的实践影响和基于上下文的理解为依据。虽然本书的目的不是概述实证研究，但贯穿全书的观点都从实证研究中得到启发。本书聚焦于媒体和传播学研究领域，这决定了本书采用该领域的研究方法，但也涉及跨学科合作研究，包括与人文社会科学、工程和计算机科学等学科的合作。因此，数据正义的阐释是通过不同学者、实践者和活动家的多方参与来实现的。

三、研究思路

本书依据与"数据正义"相关的七个主题领域构建，最后一章则整理数据与社会正义交叉的理论框架。首先，以数据化为社会背景，第一章重点关注数据与资本主义的关系，审视数字经济的增长、数据的价值以及其对社会关系的影响。本章关注的是数据在当代资本主义中的作用，以此作为探索权力动态、价值观和社会分层的一种方式，这些因素决定了当前进行社会正义斗争的环境。数据化构成一种"政治经济体制"，要求在当代资本主义中扎根数据正义的概念，而不是将数据化发展视为抽象或分离的情况。本章讨论资本主义与数据正义之间的关系，以及数据正义是否一定意味着反资本主义(anti-capitalism)，或者通过数据正义减轻数据化和资本主义交叉所带来的危害。因此，第一章建立了

7

贯穿全书的关键讨论，涉及当前数据正义辩论的不同战略逻辑，以及彻底社会变革的可能性。

第二章讨论国家与数据治理的问题，即政府对数据化驱动系统的使用如何改变其了解、参与人民和社会问题的方式。本章侧重于转向数据化治理如何影响权力动态以及社会中的压迫、公平和平等程度，确定了治理方面的几个重大转变。本章追溯了政府对算法系统的使用，扩展了基于数据的认知和控制方式的悠久历史，同时也追溯了新的强化数据化治理模式，这些模式对我们的集体福祉构成特殊威胁。基于先前研究的基础，本章强调理解信息权力与系统性和结构性暴力之间的联系。通过对数据化治理导致掌权者与其应该服务的人民之间的权力失衡的担忧，本章强调政府机构将优先考虑以人为本、团结建设和响应方法作为治理原则的重要性。

第三章重点介绍了数据化研究方法，从而完成本书的背景部分。数据化方法通常基于普遍主义，倾向于吸收不同背景、实践和愿景的异质性，而忽视地方差异和文化特性。这种普遍主义可以被视为技术决定论和还原论的另一种表现。本章反思具有本体论、认识论和伦理学性质的问题，概述了问题、实践，有助于理解数据化和数据正义，超越西方的关注和概念化。更具体地说，首先提出了六项初步观察，以引导去西方化的视角。然后，从四个关键维度梳理去西方化对数据研究和数据正义的意义：学术文化、研究主题、证据主体和分析框架。总之，将这些反思与关于社会研究的普遍性、公共社会学的价值和数据正义的意义的总体辩论联系起来。

第四章开始探索数据化驱动发展的影响，并认为通过关注人们如何受到数据化的负面影响，可以了解数据化带来的转变。本章从数据正义实验室的数据危害记录中吸取教训。本章对数据危害进行分类，作为记录和识别，通过使用数据驱动系统发生的不同和重叠的不公正现象的方法。该记录表明人们已经受到数据化的负面影响，这种危害范围广泛且普遍存在，并且与公司和政府的做法有关。该记录还显示许多人对数据化的负面体验如何，这提供了一种方法来诊断人们所生活的社会类型，并推动关于预防和挑战数据危害的讨论。本章最后强调，防止数据危害需要的不仅仅是技术解决方案，还需要解决系统性不平等和暴力。

　　第五章讨论数据化在治理中的作用，以及对公民身份和民主的影响。随着数据化社会中的公民越来越多地被描述、分类、打分和评估，数据分析结果决定了他们享有什么权利以及面临什么限制，数据化公民成为受到严密监控和严格管理的对象。本章追溯了数据化的模糊性、质疑和挑战的难度，以及对社会管理和预测的关注如何重新配置"国家—公民"关系，限制公民在治理社会中的作用，从而影响民主的核心实践和理解。然而，在数据化社会的治理中，公民参与的新模式和既定模式都得到更多使用。从关于使用数据分析的公民集会到社会运动、数据素养倡议和数据行动主义，已经出现越来越多的方法来增强人们对评估和分类系统的理解和干预机会，并发展新的民主实践，以确保参与和问责。因此，本章讨论了如何在数据正义的背景下审查和重申公民身份的概念和实践原则。

　　第六章通过转向政策环境来构建如何监管数据化的问题。本章侧重于规范数据收集和处理的规则，保护公民免受数据伤害的有效性，这些规则是如何制定的，基于谁的利益以及什么规范和想法，探索数据正义政策框架的必要组成部分。本章审视当前的监管趋势，特别是在监视和数据保护法方面，这些趋势会影响人们对其数据化条款的控制。在平台企业和政府收集数据的范围不断扩大的同时，本章观察到公民保护和控制数据的新兴趋势。然而，本章质疑主流法律改革框架对个人方法(例如个人数据、用户赋权和个人权利)的关注，并指出需要公共、集体和民主形式的数据管理。此外，揭示了不同社会参与者之间的话语权斗争及其独特的规范性主张，并探索了当前数据政策形成与权力相关的制度背景。结论是，数据正义政策框架的发展要求重新构想规制数据化的概念和制度。

　　第七章将重点转移到政策和监管上，作为对社会运动和数据之间相

9

互塑造的回应，突出了在数据化社会中想象和实践的机构、社会变革的形式。纵观历史，社会运动影响了重大的社会、文化和政治变革，在面对日益加剧的不平等、不公正以及环境危机时，其作用至关重要。因此，研究运动的实践对于理解数据正义的基础、挑战和方向至关重要。通过对数据行动主义两种关键类型——反数据映射和算法行动主义——的评估，本章反思了数据滥用的动态、挑战和机遇。数据行动主义可以被理解为数据正义的构成要素，通过借鉴社会运动的历史、行动主义目的和技术实验的轨迹，是讨论当前不公正现象和克服这些不公正现象的切入点。本章最后强调，在当前围绕数据的斗争中，活动家们不仅在重新调整数据化进程以实现其社会正义目标，而且还在更结构化的层面上挑战其应用的必然性。

第八章评估了本书中涵盖的不同主题领域，以及这些领域中数据化背景下的社会正义方法。本章认为，对数据正义的关注不仅需要考虑如何在数据化方面促进社会正义，还需要考虑对数据驱动系统的广泛依赖如何构建和定义社会正义的术语。换言之，谈论数据正义不仅要认识到数据如何影响社会，而且要认识到数据化促进了社会问题应该如何被理解和解决的规范性愿景。因此，数据既是关于正义的问题，也涉及正义本身内涵的问题。本章使用"反规范的正义"的概念，超越"分配正义"范式，以分析数据正义在政治和社会动员方面的意义。作为社会正义理论和运动的一部分，数据正义与社会正义的理论和运动融合，关注潜在的权力动态和社会变革的条件。正是本着这种精神，本章认为关于数据正义的辩论对于理解和推进当今的社会正义很有价值。

第一章　数据与资本主义

　　数字经济的兴起已成为当代资本主义的一个显著特征。在相对较短 的时间内，从数字服务和技术交易中获利的公司已经开始主导企业格局，并越来越多地主导政治和社会生活。2016 年，同一行业的五家公司首次在市值上领先全球：苹果(Apple)、谷歌(Google)、微软(Microsoft)、亚马逊(Amazon)和脸书(Facebook)(Mosco 2017)。在美国硅谷有限的地理空间内，围绕数字技术发展起来的产业如今已成为全球的动力。信息和通信技术(ICT)的出现从一开始就充满了巨大的变革潜力，被广泛认为将颠覆对经济和整个社会至关重要的组织形式(Castells 1996)。然而，对数据的转向——数据的大规模生成、收集和分析——对数字经济的增长及其在社会中的影响起到了重要作用。信息学学者文森特·莫斯可 (Vincent Mosco 2017)认为，这是一种向"后互联网"社会的数字化转变，由云计算、大数据分析和物联网融合定义。在这个社会中，云计算在数据中心存储和处理信息，大数据分析提供了分析和使用信息的工具，物联网通过将配备传感器的设备连接到电子通信网络来加速其产生。

　　虽然人们普遍认识到数据化的出现是当代资本主义形式的一个重要方面，但对数据和资本主义之间的关系究竟是什么还不太清楚，例如其历史、关系和影响。对于数据正义领域来说，探索这种关系很重要，因为它支撑了我们如何理解数据化所发生的转变的本质，以及当这些转变影响到人们的权利、生活机会和福祉时，应对这些转变采取的适当措施。正如我们在本章(以及本书的其他部分)中所展示的那样，研究数据在当代资本主义中的作用对于处理权力动态、价值观和社会分层至关重要，这些因素决定了当前进行社会正义斗争的环境。从这个意义上说，数据不仅在其作为信息资本主义原材料的方面起作用(Cohen 2020)，而且在数据嵌入资本主义发展过程中发生的社会关系重构方面具有重要意义。因此，这种关系也对数据正义的理念以及它与资本主义的关系提出了关键挑战。换言之，是否谈论数据正义就必然谈论反资本主义，或者数据正义是不是一种途径，可以利用这些机会，同时减轻当前数据和资本主义所带来的危害，或者两者兼而有之。

本章将数据化定位为一种"政治—经济制度"(Sadowski 2019)，其关注数据在推进和塑造特定的资本主义模式中的作用。首先，本章简要概述大数据背景下数字经济的增长，特别是在 2008 年金融危机之后。其次，讨论对当代资本主义中数据价值的不同理解，以及数据驱动的资本主义模式，即从认知资本主义(cognitive capitalism)到监视资本主义(surveillance capitalism)再到平台资本主义。基于此，本章探讨资本主义模式动态对社会关系转型的影响，以及围绕数据和社会正义的当代斗争塑造环境的分类性质。正如本章后续所讨论的，从资本主义的动态发展中抽象数据，在缺乏历史和社会背景的情况下理解数据，可能作出适用于数据正义的任何解释。因此，本章将数据与资本主义之间的关系视为探索数据正义不同原则的逻辑起点。

第一节 大型科技公司的崛起

长期以来，基于数字经济对资本主义变革潜力的恐惧和炒作，其一直是一个极具吸引力的主题,但通常并无明确的参数作为分析对象(Jordan 2020)。如今,数字技术以某种方式嵌入大多数经济活动中,并支撑着远远超出任何特定部门或行业的经济和生产趋势。因此,有必要明确本章所关注的数字经济的面向。为了进一步探索数据与资本主义的关系,本章关注的是"大型科技"以及数据密集型技术的发展如何与全球企业垄断的兴起交织在一起。这并不意味着"大型科技"涵盖当今存在的所有数字技术。但是,根据莫斯可(Mosco 2017)关于"后互联网"时代的概念界定,"大型科技"的崛起表明数字经济的本质发生了重大转变,数据基础设施的负担也随之加重。因此,数字经济的"大型科技"对于本章讨论数据正义问题以及其与价值创造、精英利益和历史趋势之间的关系具有根本意义。社会学家、金融人类学家玛莎·潘(Martha Poon 2016)指出,数据系统受企业资本主义代理人的驱使,后者试图通过以网络技术形式重组市场的手段来实现利润最大化。公司创建数据系统旨在使自己成为业务运营商并增强其能力。实现利润最大化不仅是技术进步的问题,还需要结合资本主义的历史和现代世界体系的近期危机来理解。尼克·斯尔尼塞克(Nick Srnicek, 2017)在其颇具影响力的著作《平台资本主义》(Platform Capitalism)中,指出资本主义的三个重要时刻,并为当今世界数字经济的形成奠定了基础:对 20 世纪 70 年代经济衰退的回应;20 世纪 90 年代的繁荣与萧条;以及 2008 年金融危机的结果。

首先,在新自由主义意识形态的推动下,对 20 世纪 70 年代经济衰退的应对从根本上改变了国际政治经济。新自由主义导致全球竞争的加剧、供应链的转移和行业的放松管制,与之相对应的是对劳动力的广泛压榨和降低生产成本的压力加大(Harvey 2007a)。通信和信息流动系统的进步导致"时空压缩",这使得全球产品市场得以发展,并产生无形的交换关系,从而促进更大的资本流动和劳动过程的碎片化(Harvey 1992;Wood 2020)。这一时期彻底颠覆了工业资本主义的原则,因为发达经济体从对国内制造业的依赖转向服务业、全球生产网络以及工会成员数量

14

的急剧下降(Dencik & Wilkin 2015；Hudson 2014)。随着发达经济体制造业的衰落，20世纪90年代互联网的推出及其商业化潜力，见证了对新型互联网企业的疯狂投资，这一投资被广泛记录的财富积累神话所兜售(Curran 2012)。这些业务概括了持续权力转移，从合并后的公司和经理到投资者和证券分析师，其主要根据股价来衡量成功(Davis 2009)。尤其是美国政治经济机构，积极培育新的企业模式，不仅以资产剥离和外包为中心，而且寻求在投资者和消费者之间建立联盟，以实现赢者通吃的市场战略(Rahman & Thelen 2019)。

这是一个对数字经济充满希望的时代，也支持了政治参与，特别是在美国，比尔·克林顿(Bill Clinton)总统在技术爱好者副总统阿尔·戈尔(Al Gore)的支持下，试图在互联网基本不受监管的背景下鼓励美国科技公司的发展。早在1993年，克林顿和戈尔就向硅谷推出了一项170亿美元的高科技计划，旨在振兴经济，以表彰"美国科技资源在改变和提高……生活质量方面的力量和潜力"(San Francisco Chronicle 1993)。这种与科技行业的合作为新互联网业务的指数增长奠定了基础。

20世纪90年代末的科技泡沫随着2001年股市崩盘而迅速破裂，但斯尔尼塞克(Srnicek 2017)将支撑当今数字经济的许多基础设施追溯到这一时期对新技术的投资水平：数百万英里的光纤和海底电缆、软件和网络设计的重大进步，以及对数据库和服务器的大量投资。基础设施是当今数字经济动力的核心。此外，这次股市暴跌引发互联网科技公司寻求新赚钱方式的竞赛，也符合"9·11恐怖袭击事件"加剧的战略安全利益诉求：收集和分析大量数据(Angwin 2014)。换言之，国家与资本关系中存在利益一致性，即以大规模数据收集的形式满足商业和地缘政治的优先事项。随着金融危机后放松货币政策(降低利率并增加流动性以重启经济)，大型科技公司在随后的2008年金融危机的废墟中展现其主导地位的场景已然形成。

2008年金融危机在多个方面催化了大型科技公司的主导地位。首先，当金融危机席卷全球经济的其他领域时，科技行业在经历早期的泡沫破裂后便相对而言未受到影响。与此同时，企业储蓄和避税天堂导致寻求低利率投资的现金过剩(Berry 2019；Srnicek 2017)。随着金融以有毒资产为标志，大量资本注入初创企业和追求高风险创新的科技公司，这种融资模式标志着至今数字经济的大部分内部运作和文化的形成(Liu 2019)。风险资本对技术创新的投资推动了数字技术的发展。根据政治经济学研究者弗兰齐斯卡·库曼(Franziska Cooiman 2021)的研究，这种金融结构构成数字经济的后端，不仅包括美国的投资链，还包括基于20世纪90年代公共和私人主体之间深度纠缠的欧洲投资。资本的转移改变了形势；见证了华尔街的短暂崩溃，巩固了一个以硅谷形式出现的新金融中心(Sadowski 2020a)。

　　此外，2008年金融危机加速了发达经济体公共机构的全面改革，为进一步私有化和不稳定劳动力的大幅增加铺平了道路(Standing 2012)。这些条件适合基本上不受监管的数字经济，该种经济有望有效解决进入壁垒和生产成本问题。这些条件也符合迅速形成的收购和垄断趋势，尽管早期曾宣布数字经济将是带来民主化和去中心化的巨大平台，但垄断趋势已成为科技行业的定义(Freedman 2016)。数字经济承诺的是降低进入壁垒的成本，绕过机构等级制度，允许新的参与者进入并实现分布式控制。相反，市场主导地位和规模成为科技公司盈利能力的核心，才能从大量资本涌入中获利。

　　在短短二十多年时间里，大型科技公司已经代表了一个由少数几家大型公司组成的行业，这些公司构成世界上市值最高的上市公司，和以前的从化石燃料到金融业的巨头们比肩。尽管业务和重点各不相同，但共同特征是构成了可以被视为行使巨大集体权力的部分，不仅在经济方面，而且也在政治和社会方面行使权力(Barwise & Watkins 2018)。事实上，与其说大型科技公司的权力在于"规模"这一对公司的传统衡量标准，不如说其控制市场的能力是规定交互规则的"监管结构"(Rahman & Thelen 2019；Zysman & Kenney 2018)。从这个意义上讲，大型科技公司不仅涵盖苹果、谷歌、微软、亚马逊和脸书这五大公司，还包括在各

15

个市场和行业中占据主导地位和规模的其他大型科技公司。因此，大型科技公司的崛起与资本主义的历史以及重大危机后资本的持续发展密切相关。

这种相关性在最近围绕新冠肺炎疫情的全球危机中得到了加强，这场危机使得数字科技公司，尤其是五大公司，达到了前所未有的财富和控制权水平。据估计，仅在 2020 年第三季度，当疫情席卷全球大部分地区时，就为苹果、谷歌、脸书和亚马逊带来了 380 亿美元的利润，其收入接近 2 400 亿美元，尤其是亚马逊的利润同比增长了近 200% (Molla 2020)。然而，大型科技公司的绝对主导地位和权力引发激烈争论，即其崛起是否也从根本上改变了资本主义、资本主义的运作方式以及由资本主义构成的社会关系。数据的生成和收集以及其与价值创造的关系是这场辩论的重要组成部分。本章将继续讨论，数据在当代资本主义中扮演着一个相当模糊的角色，并以多种不同的方式进行了解释。如何理解数据的价值以及其对资本主义的意义，将影响如何理解围绕数据化而出现的冲突的本质。

第二节　数据的价值

尽管普遍认为，数据化和利用数据生成获取利润的能力是大型科技公司崛起及其持续权力的重要方面，但在当代资本主义中，确定数据的实际价值仍是一个持续争论的问题。将数据作为数字经济的原材料的理解只是其中一部分。为了应对数据化与社会和经济正义问题的交叉，需要结合基础设施权力和支配权等更广泛的问题来理解数据的价值。此外，需要把数据置于资本主义价值产生的更长期轨迹中，这有助于评估在多大程度上应对资本主义运作方式的根本性转变。关于新技术的变革潜力的学术辩论往往通过资本主义的新标签(X-资本主义)发出变化的信号，但对数据正义的关注需要对变革进行一定的锚定，以应对任何不公正分析的目标。换言之，虽然数据正义的概念部分源于对正义的理解和追求的变化的认识，而这些变化源于经济转型，但不要忽视长期以来一直是社会冲突根源的运行逻辑的延续。

数据与资本主义的关系，源于对知识经济和信息通信技术传播带来的变化。诸如"认知资本主义"等概念提升了信息通信技术的作用，即后者使资本主义向"一种'积累模式'转变，其中积累的资本主要由知识组成，知识成为价值的基本来源"(Moulier Boutang 2011)。换言之，知识经济是知识和信息被纳入资本主义积累规律的结果，而不是为了知识而生产、定价和积累(Celis Bueno 2017；Vercellone 2005)。从一开始，这种取向就要求对生产性劳动和非生产性劳动进行划分，以便资本对生活的控制，不仅包括劳动时间，还包括休闲时间(Marazzi 2008)。20 世纪 60 年代，持自治主义的马克思主义者提出了"社会工厂"概念，这为在工业资本主义的生产领域之外扩张式地界定资本主义社会关系提供了早期理论基础(Tronti 1962)。"社会工厂"构成"非物质性"和"自由的"劳动力的基础，这些劳动力来自资本主义的信息生产、分配和消费的价格化过程(Moulier Boutang 2011；Terranova 2000)。

从生产领域看，价格化过程的明显转变为许多早期关于数据与资本主义之间关系的讨论提供了信息，并被后来的"数字劳动力"所概括(Scholz 2013)。媒体研究学者达拉斯·沃克·斯麦斯(Dallas Walker Smythe)在 20 世纪七八十年代将媒体受众视为一种商品，数字劳动的概念表明，用户通过与平台互动产生的数据可以被视为一种工作形式(Fuchs 2014)。例如，谷歌和脸书等平台本身几乎没有什么产出(如果有的话)，但能够通过跟踪用户活动来创收，从而出售定向广告。社交媒体理论家克里斯蒂安·富克斯(Christian Fuchs 2014)从马克思主义的角度指出，在这种情况下，数字劳动是指无薪生产性剩余价值劳动，其来源于生成的用户数据，平台从中获利。因此，在塞利斯·布埃诺(Celis Bueno 2017)所称的"注意力经济"中，价值的生产和利用方式与基于工业生产模式的传统劳动类别有着明显不同。这是资本主义的一种转变，在这种转变中，主体性本身逐渐成为生产和价值剥削的领域，以及资本主义权力关系的再生产领域。因此，数据与扩大和重新定义劳动力的价值化过程相联系。

认知资本主义理论和"数字劳动力"被批评为削弱了劳动定义中工资依赖的重要性，低估了生产的持续中心地位和供应链中劳动价值的提取(Thompson & Briken 2017)。事实上，关注"非物质性"忽视了数据价值与决定性的物质过程和现实联系在一起的所有复杂方式(Graham 2013)。然而，用户数据的商品化及其在当代资本主义中的作用仍然是数字经济分析的核心。例如，扎波夫(Zuboff 2015、2019)关于监控资本主义的著名论文认为，随着资本主义从将劳动力纳入市场转向将私人经验以行为数据的形式纳入市场，资本主义已经发生了根本性转变。谷歌在2001年市场崩溃后计划从其搜索引擎中创收，扎波夫将谷歌的这一转变概述为一种新的商业模式运作方式，该模式旨在利用跟踪网络用户活动的基础设施，将这些活动作为数据点进行量化和制表，以便收集和分析，从而获得更广泛和更精细的用户资料。这种商业模式依赖的不是劳动分工，而是学习分工：那些能够根据全球数据流学习并作出决策的人、那些(通常在不知不觉中)受到此类分析和决策影响的人之间。这是一种由数据驱动的积累逻辑，旨在预测和修正人类行为，以此作为产生收入和控制市场的手段。

在对信息资本主义的描述中，批判法律学者朱莉·科恩(Julie Cohen 2020)同样将资本主义作为一种与信息主义结合的生产模式。在该模式中，市场参与者将知识、文化和网络信息技术作为提取和利用剩余价值的手段。尽管数据和算法都抵制正式的财产化，但信息经济正在将劳动力、土地和货币作为数据化的投入重新构建新的利润提取算法模式，与此同时，数据和算法已成为占用策略的主题。这与平台化相结合成为可能，因为新的跟踪和数据分析技术的易读性，成为平台形式基础设施层面最有效、最有利可图的服务。"风险资本投资者的支持提供了一条通往更广阔资本市场的道路，其需要一种收益模式，而这种需求反过来开始推动平台设计。"(Cohen 2020)海尔蒙德(Helmond 2015)认为这是信息基础设施的发展,通过平台扩展的渗透和第三方使其数据"平台就绪"的驱动,将其与开放网络的侵蚀和集中化联系起来。

因此,对收入模式的需求推动数据流成为一种信息化的生产要素,为各种营利活动提供支持。然而,数据的商品化与我们对其他商品的估价方式并不相同。尽管数据的获取与处理可以产生市场权力,谈论数据商品化和交易的数据要素市场可能很诱人,但尚不清楚数据要素市场的意义(Graef 2018)。根据英国竞争与市场管理局(UK's Competition & Markets Authority)概述的数据特征,数据构成非竞争性商品,这意味着同一条数据可能同时被多个参与者使用。此外,数据的价值往往不在于收集的信息本身,而取决于可以从中提取的知识。最后,数据的价值非常多样化,一些数据具有持久价值,而另一些数据仅在特定时间或特定目的下有价值(Graef 2018)。这些特征并不意味着数据不具有商品化性质,但的确需要对数据及其(经济)价值进行分析才能解释数据化固有的关系特征(Ruppert et al. 2015;Viljoen 2020)。

数据的新的生成与积累逻辑使得其价值被扩展,而非仅仅被视为一种商品。例如,政治地理学家贾森·萨多夫斯基(Jathan Sadowski 2019)将数据化视为一种政治经济体制,在这种体制中,数据不仅是一种商品,还被视为一种资本形式,即数据既有价值又能创造价值。数据推动新的经营方式和治理方式,对于公司获取更多利润至关重要。在这种背景下,数据收集是由(数据)资本积累的永恒循环驱动的,而资本积累又反过来驱动资本构建和依赖一个万物皆由数据构成的宇宙。这一过程并没有将其视为与资本主义本身的决裂,而是延长了资产化和金融化的长期趋势(Srnicek 2017)。其目的是将一切都变成金融资产,作为锁定资本和消费循环以获取利润的一种方式(Sadowski 2020b)。数字平台是这一过程的核心,因为社会实践以一种能够提取数据的方式进行重新配置(Couldry & Mejias 2018)。

在这种"食利者资本主义(rentier capitalism)"下,数据化是经济生产

19

和再生产系统的一部分，在该系统中，向经济行为者(食利者)支付的款项纯粹是由于该行为者控制着有价值的东西。由于缺乏市场竞争的特殊情况，可以通过这种控制获得利润(Christophers 2020)。虽然这种逻辑对资本来说并不新鲜，但新鲜的是复杂的技术，旨在扩展和增强资本的资产化、提取和圈地能力。市场支配地位是通过提供平台基础设施，在依赖网络效应(用户越多，平台越有用)的不同用户群之间进行中介服务来降低交易成本，同时将用户锁定在其重要功能和数据提取的权限内(Srnicek 2017；Wood & Lehdonvirta 2021)。换言之，平台化对基础设施进行规范，以阻止交易和网络转移到其他地方(Cohen 2020)。平台的主要策略是将社交互动和经济交易转化为发生在其平台上的"服务"。因此，从食利者资本主义的角度来看，平台是生产、流通或消费过程中的中介，并从构成平台生态系统的所有活动和运营中获取价值，同时提取货币利润和数据利润(Sadowski 2020b)。

在这种背景下，数据的价值不一定是作为商品，而是作为驱动垄断和其他营利活动的资本。范·多恩和巴杰(Van Doorn，Badger 2020)认为，数据的价值部分来源于其预期或实际的实用性(实现功能目标和系统优化)，也来源于拥有海量数据的公司具备的竞争优势，从而吸引风险投资和更高的财务估值。因此，评估数据的价值指向数据化作为一种政治经济制度。随着人们依赖平台，不仅参与其自身行为信息的商品化，而且还被锁定在一种社会秩序形式中，这种社会秩序重构了实践，以维护数据积累制度。也就是说，人们成为资本主义模式的一部分，这种模式推动社会生活进一步数据化，并推动特定的社会关系(Dencik 2022；Fourcade & Healy 2017)。

本书将数据化作为一种政治经济制度，因此表现为对数据驱动技术基础设施的依赖上，这种技术通过利用新的技术能力进行数据积累来永久提取价值。这意味着包括国家和公民社会在内的不同社会行为者，基本上都处于与技术提供者的租赁型关系中，随着时间的推移，这种政治经济变得越来越难以转变。例如，当公共部门依赖于一种资本主义模式

20

时，在这种模式中，收入主要从租金(金钱或数据)中提取，以换取服务，这也有助于公共机构能够运作的条件的配置。正如本书后面章节中所论述，这种依赖性在一定程度上与外包和私有化过程有关，也威胁到公共基础设施被(私有)计算基础设施取代(Dencik 2022)。

第三节　数据化下的社会关系

在资本主义与数据化背景下，社会关系配置的重要方面是基础设施依赖性问题。本章强调权力动态如何通过这种政治经济体制表现出来的重要性，这种政治经济体制决定了不公正和解决不公正的参数。依赖性和潜在的替代性与不平等和剥削等基本问题密切相关。事实上，数据化下社会关系的重要框架利用了生态语言，并将其视为提取性的。无论是在扎波夫对监视资本主义的描述中，还是在对食利者平台资本主义的分析中，数据都是从一系列基础设施中提取的原材料或租金；从传感器到政府数据库，再到以计算机为媒介的经济交易，这些都与社会生活密切相关。这种框架表明民主国家社会契约中原本的互惠与协商一致这种内在价值的缺乏(Zuboff 2019)。此外，本章将数据化与资本主义的历史联系起来，新自由主义试图通过创造性以及环境和社会破坏来开发资源。正如著名地理学家和马克思主义学者大卫·哈维(David Harvey 2007b)所指出，在新自由主义下推进的阶级权力巩固，不仅依赖于对制度框架和权力的破坏(例如，假定国家对政治经济事务的优先主权)，还依赖于对劳动分工、社会关系、福利规定、土地、思维方式等的破坏。

从这个意义上说，以数据为中心的技术的积极进步，扩大了人们长期以来对政治、环境和社会条件的担忧，这些条件使数字经济得以增长，并随着数字经济的不断扩张而恶化(Gabrys 2011；Mosco 2014)。其他人通过将数据化下的社会关系比作一种殖民主义形式，进一步强调提取，在这种殖民主义形式中，剥夺过程促进了数据价值的提取、滥用和利用(Couldry & Mejias 2018)。第三章进一步讨论,数据殖民主义的概念难以解释殖民主义下剥夺财产的暴力行为,但这一概念指出数据化作为一种政治经济体制所嵌入的权力动态,且这些绝大多数是遵循全球南北、贫富关系的历史遗物(Arora 2019b;Madianou 2019)。数据驱动过程的发展和影响都在很大程度上取决于现有全球政治经济的社会关系。与此同时,数字经济的发展以及经济、政治和社会生活中数据基础设施的转变重新配置了社会关系,并引入新的社会分层形式。

例如,媒体理论家列夫·马诺维奇(Lev Manovich 2012)提出不同"数据阶级",在这些阶级中,新的分层正在按照数据创建者、数据收集者和数据分析者的路线建立。这些不同的数据阶级表明,随着数据基础设施嵌入社会,内在的权力不对称就会显现出来。此外,有必要考虑权力是如何通过数据化建立起来的,而在以生产资料所有权为中心的资本主义工业模式中,这种数据化可能无法充分体现在阶级划分中。相反,批判媒体理论家麦肯齐·沃克(Mckenzie Wark 2019)认为,在一系列新的阶级关系中,权力不再掌握在生产资料所有者手中,而是掌握在收集和使用信息的媒介所有者手中。沃克将其描述为"媒介主义阶级",这个阶级控制着专利、品牌、商标、版权,最重要的是,控制着信息载体。沃克认为,这种分层构成了与此前资本主义制度下有着根本性不同的社会关系。

媒介所有者在多大程度上应该被视为资产阶级,这一点还有待讨论,但沃克的分析强调了一种重要的权力转移,即以信息流转为中心,将其作为其他经济活动日益依赖的基础设施力量。这种权力转移并没有消除价值链中对劳动力和当代资本主义生产价值的剥削,但通过对信息流转的控制,这种价值的产生越来越多地与基础设施的权力相联系。正如斯尔尼塞克(Srnicek 2020)所指出,人工智能(AI)系统等数据密集型技术不仅依赖于海量数据,还依赖强大的计算能力和对劳动力的控制,以形成垄断。劳动分工仍然是数字经济的基础,但其与价值的关系变得更加复杂。格雷和苏瑞(Gray,Suri 2019)将这种关系描述为基于"幽灵工作"的经济增长：一种新的数字装配线，汇集了分布式工人的集体输入，输送的是项目而非产品，并在主要经济部门中持续运行，以使得数据驱动系统发挥作用。通讯学者邱林川等人(Jack Linchuan Qiu et al. 2014)提出支持数据驱动流程的"劳动力循环"，将刚果民主共和国的矿工开采与中国台湾生产硬件的工厂以及硅谷的软件工程师联系起来。如上所述，通过与数字平台接触产生数据的用户本身，也被包含在执行劳动的"劳动力循环"中(Fuchs 2014)。除此之外，平台还创造了多边市场，在这个市场中，以平台劳动力的形式连接和管理他们，平台成为新型劳动的中介(Wood & Lehdonvirta 2021)。这些不同的维度表明，在数字经济中，劳动分工与价值创造具有持续的相关性。

22

　　然而，在思考数据化作为一种政治经济体制产生并推动了特定社会关系时，数据权力的形式除了经济权力，还表现为社会和政治权力。卡尔佩珀和瑟伦(Culpepper, Thelen 2020)将"平台权力"称为一种对科技企业而言享有的新政治权力，不同于其他具有政治影响力的企业。这种权力形式，源于平台对人们所依赖的关键服务的访问权限的控制。虽然市场主导地位是平台权力的必要条件，但并不是充分条件。相反，"将市场力量转化为政治影响力的机制……来自消费者对这些公司提供的便捷服务的欣赏，或者说依赖"(Culpepper & Thelen 2020)。随着科技企业将自己的技术嵌入社会公共基础设施，同时仍然按照商业逻辑运营，导致人们对其依赖性延伸到公共和政府领域(Morozov 2015)。

　　计算机科学和法律学者塞达·居尔塞斯和乔里斯·范·霍博肯(Seda Gürses, Joris Van Hoboken 2017)将工程和计算机科学从收缩包装软件到"软件即服务"(software-as-a-service)的转变称为"敏捷转向"，转变的不是技术发展本身，而是塑造社会关系的政治经济发展。"敏捷转向"是指在对用户分析不断监控和修正的基础上，转向将用户绑定到与软件公司的长期交易中。在这种模式下，这些企业定位于不同的社会和公共领域，从媒体到交通再到警务，不仅仅是作为一次性工具和产品的提供商，而是寻求不断优化这些领域服务的提供商。这种定位意味着需要以有利于此类服务提供的条款来理解和处理社会问题。公共领域变成必须通过计算优化的问题，而不是通过人类经验和专业知识来解决。"软件即服务"将这些领域嵌入一个生态系统中，这个生态系统会无休止地延续这种重新配置(Dencik 2022)。居尔塞斯、多布和潘(Gürses，Dobbe，Poon 2020)使用术语"可编程基础设施"来指代在现有基础设施上引入计算基础设施的政治、经济和技术愿景。这一愿景的特点是对人类行为的管理、价值观的标准化、对技术公司经济条款的依赖、云提供商的权力不对称以及对民主治理的回避。

数据正义问题需要以实现这种权力的条件以及其产生的影响为导向。数据驱动市场与生活机会和人类繁荣的塑造，不能脱离更广泛的权力结构，这些结构有助于获取并控制数据。数据的永久积累基于数据对平台主导市场的价值而创建分类系统。潘(Poon 2016)指出，盈利能力的基础不是技术准确性，而是操纵与数据管理和处理相关的金融要素的无限可能性。基于市场的评估正在渗透到公共生活中，在塑造人们社会地位时引发了关于分类的新斗争(Fourcade & Healy 2017)。无论是否将数据化的出现视为对资本主义的根本性破坏，并找到新的解释学工具和框架来应对其转变，都有必要认识到资本主义运作的哪些方面正在被推进，以及反过来如何塑造社会关系。这一理解有助于人们在生活中面对数据系统的不公正时作出适当应对。

第四节　结论：数据正义是反资本主义吗？

2008 年的金融危机引发了对资本主义固有谬误的反思，及其作为一种无法服务于世界大多数人口的利益需求的制度失败。这种反思在世界不同地区的大规模抗议运动中得到体现，从"1 500 万运动"到"占领运动"再到激进左翼联盟，这些运动催化了资本主义的失败和对其他制度日益增长的渴望，即维护平等与团结高于利益这一价值观的社会组织方式。然而，随着数字经济的快速增长，以及数字经济所依赖的生产模式被证明与社会变革直接背道而驰，数字技术有助于实现这种社会变革的早期承诺，很快就变成了另一番景象。2008 年的金融危机并没有宣告资本主义的终结，相反，其见证了一个新强国的飞速崛起，成为资本主义发展的核心。

"数据如何促进资本主义"是本章的主题，试图以不同的方式评估数据的价值，包括劳动力、商品、资产和租金。围绕数据价值的相关性阐释了重大的权力转移，这标志着资本主义的根本转变，或者数据扩展和巩固了资本主义运作模式中的动力。无论数据化带来的变革程度如何，以资本的名义提取、积累和利用数据的方式对于理解社会关系都越来越重要。数据系统已成为为众多企业参与者增强业务运营的一种方式。这种数据驱动的影响也越来越多地扩展到其他类型的参与者。因此，数据正义以新的方式来规范社会，需要考虑数据化的资本主义因素，也需要考虑资本主义的数据化驱动因素。

这对于数据正义而言意味着什么？在埃里克·奥林·赖特(Erik Olin Wright)的《如何在 21 世纪成为一名反资本主义者》(How to be an Anti-Capitalist in the 21st Century)书中，他满怀激情地写道，尽管资本主义在反复的危机面前表现出了韧性，但仍有必要断言存在另一个世界有可能改善人类繁荣的条件。马克·费舍尔(Mark Fisher 2009)在应对 2008 年金融危机的破坏性影响时，对"资本主义的现实主义"(capitalist realism)的盛行表示绝望，呼吁采取行动破坏资本主义作为一种自然秩序。本书也认为当前数据正义的许多努力恰恰是在想象的层面上推翻了数据积累的主导逻辑。奥林·赖特(Olin Wright 2019)认为，反资本主义和创造一个更公正的世界并不一定要通过革命来实现，而是可以通过识别和推进已经存在于世的元素来创造新世界。这种立场既合乎道德又合乎实际。在他所谓的"战略逻辑"(strategic logics)中——粉碎、拆除、驯服、抵抗和逃离——资本主义的侵蚀必须通过不同战略的结合来实现，每一种战略都构成应对资本主义危害的独特方式。

24

数据正义作为一种理想和实践，从许多方面体现了对资本主义的回应，延伸到一系列规范和活动中，这些规范和活动都试图指明社会秩序的替代方式，以促进人类繁荣。回应的核心围绕数据的提取、积累和利用等数据化问题。将数据化视为一种政治经济体制，有助于理解数据实践与长期以来社会正义争斗的历史是并存的，以及对此类发展的危害采取有效应对措施。这是一种从相关但往往又无关紧要的辩论中吸取教训的方法，例如在环境正义辩论中，同样将气候变化理解为一种资本主义现象。正如克莱因(Klein 2014)所指出，追求气候正义而不与经济正义联系起来，就如同"大部分气候运动浪费了宝贵的几十年实践，试图使气候危机的方形钉子适合于解除管制的资本主义的圆孔，永远鼓吹市场本身解决问题的方法"。同样可以从许多种族正义和性别正义运动中汲取教训。因此，数据正义领域的一项关键任务不仅是诊断，而且要找到方法来识别和提升数据化和资本主义交叉点上的战略逻辑，这些逻辑可以回应从这个交叉点出现的不公正现象。这样的任务无疑是艰巨的，但也拯救了数据正义的概念，使其不再只是数据化对未来公正社会所构成的重大挑战的一块遮羞布。

第二章 数据与治理

本章关注政府对数据系统的使用，并重点考量政务服务和决策的数
据化对政府治理的影响。具体而言，本章提出了如下问题：政府如何使
用诸如人工智能(AI)和自动化决策系统(ADS)等数据驱动技术，以改变既
有的政府参与人民和社会问题的治理方式(Berry 2011；boyd，Crawford
2012)? 这些改变表明社会治理方式正在发生怎样的变化? 本章认为，虽
然政府对算法系统的使用延长了基于数据的知情和控制方式的历史，但
这些系统的使用也引入了新的治理模式，我们必须从数据正义的角度来
应对这些模式。

本章所讨论的算法系统一般被定义为在公共服务管理领域帮助或取
代人类决策的技术系统。该系统依赖于大型的、相互关联的数据集，旨
在改善服务和生产力，通常涉及实时数据的收集和共享。例如，利用数
据分析来预测个人犯罪、虐待子女或骗取福利的可能性(Gillingham
2019)。在全球范围内，政府机构正在安全、反欺诈、福利管理、警务、
教育、税收和移民等领域使用人工智能和自动化决策系统。一般而言，
各国政府利用这些技术系统是为了改进规划和服务，提高效率以及更好
地分配资源。系统的采用是政府机构在资源限制和服务削减的情况下努
力满足公众需求的实践。

第一节　对数据中信任的挑战

在过去十年中，围绕大数据、人工智能和自动化决策系统的炒作主导了对政府使用这些技术系统的讨论，鉴于许多研究指出了这些系统的危害，炒作可能已经有所减弱，但在媒体、企业和政府的话语中仍然明显存在持续对"数据中的信任"(faith in data)的讨论。研究表明，人们更普遍地思考、谈论人工智能以及数字技术和数据使用的方式，可能会受到包括政府、科技公司、人工智能投资者和管理咨询公司在内的声音主导的影响(Bourne 2019)。正如大卫·比尔(David Beer 2019)所说，我们可以看到周围对"数据中的信任"，其中包括关于数据分析将如何帮助我们更有效地解决社会问题的愿景。换言之，企业和政府经常推广宣传数据驱动系统，将其作为一种提高效率和获得更深入见解来强化组织决策能力的手段，伊夫格尼·莫洛佐夫(Evegny Morozov 2014)将这种现象称为"技术解决方案主义"(technological solutionism)。其论述的权威性由于没有注意到数据驱动系统的局限性而受到质疑，特别是这些系统在哪里以及如何失灵或以非预期的方式工作的问题(Beer 2014；Mosco 2014)。关于数据系统，尤其是人工智能和自动决策支持系统如何在实践中工作的信息太少了。本章中提出的关于治理转变的问题是由我们在数据正义实验室的研究提供的，以更好地了解政府在何处以及如何使用人工智能和自动化决策系统，并努力调查政府系统变化对社会正义的影响。

大量证据表明，人工智能和自动化决策系统会更普遍地加剧偏见和不平等，改变政府运作和知识系统，从而限制人们获得服务的途径，并因人们被错误评分或被剥夺福利而导致伤害(Benjamin 2019；Eubanks 2018；Molnar, Gill 2018；Robertson, Khoo, Song 2020)。例如，研究详细说明了人工智能和自动化决策系统如何被用于社会分类，对黑人、土著和有色人种产生不成比例的负面影响，并基于年龄、性别、性取向和收

27

入进行歧视(Gandy 2005；Gangardharan, Eubanks, Barocas 2014；Lewis 2020；Lum, Isaac 2016；Lyon 2002)。

对预测性警务系统以及儿童福利系统领域的详细分析说明，分析系统中一些权重最高的变量(如邮政编码或一个人是否获得福利)是如何代表种族或贫困的，这意味着穷人和边缘化群体不成比例地成为使用此类系统的目标(Eubanks 2018；Gillingham 2016；Keddell 2015；O'Neil 2016b)。另一个涉及人工智能和自动化决策系统的常见问题是缺乏透明度，也缺乏访问系统工作方式的手段(Pasquale 2015)。越来越多的研究正在讨论政府如何使用人工智能和自动化决策系统侵犯人们的权利，包括社会权利、公平审判权和正当程序权、个人数据保护权以及人权(Niklas & Dencik 2021；Yeung 2019)。

关于政府使用人工智能和自动化决策系统的社会正义辩论，在引发人们对透明度、问责制、偏见、公平性和隐私的担忧的同时，最近的研究也对人工智能和自动化决策系统在提供公共服务方面的有效性、有用性上提出了质疑。英国儿童社会护理中心(UK's What Works for Children's Social Care Centre)是最早检验预测分析生活结果的能力并将结果向社会公开的组织之一。他们与地方当局合作，在儿童福利领域开发和测试自动化决策系统的使用。与自动化决策系统的企业推动者相反，他们得出的结论是，这些系统不起作用，使用这些系统反而会使儿童和青少年处于危险之中(Clayton et al. 2020)。作为对调查结果的回应，该中心首席执行官迈克尔·桑德斯(Michael Sanders)认为，各组织在使用自动化决策系统之前需要谨慎行事，希望这些系统的使用者应该对其更加透明，并证明其有效(Sanders 2020)。这项研究之所以引人注目，不仅是因为它的发现结果，还因为它提供了为数不多的公开获取的政府自动化决策系统试点账户之一。

其他研究对数据系统生活结果预测的能力提出了质疑。最近，一个全球研究人员联合组使用机器学习方法预测了六种生活结果(Salganik et al. 2020)。160个团队建立预测模型，并根据"脆弱家庭和儿童福利研究"(Fragile Families and Child Wellbeing Study)(一个丰富的数据集)的数据预测了六种生活结果。研究小组发现，即使是最好的预测也不是很准确，总体来说，我们使用这种方法预测生活结果的能力是有限的。

第二节 数据治理和关注历史的重要性

上文概述了政府使用人工智能和自动化决策系统所造成的危害，以及这些系统的预测结果局限性。由此，数据治理成为值得关注的问题：转向数据化治理如何影响权力动态以及我们社会中压迫、公平和平等的程度？我们生活在一个不平等和不公正现象突出的时代，压迫性的结构安排助长了这种不平等和不公正，我们需要警惕任何使情况变得更糟的治理变化。鉴于信息系统在影响政府机构定义和处理人民、社会问题的方式方面起到核心作用，因此关注这些信息系统是关键。随着信息系统变得数据化，关键性的讨论在于询问数据化过程如何改变人们的认知方式。

如前所述，数据提供了一种"可以对人、现象和地区进行调查与管理的手段"(Kitchin 2014)。然而，数据不是中立或客观的；相反，它是抽象、选择、协商和约定过程的产物。此外，数据并不仅仅提供对世界的选择性表征；当人们根据数据作出决策和行动时，数据会对现实世界产生影响(Kitchin 2014)。霍夫曼(Hoffmann 2020)认为，信息权力是行使其他形式权力的核心，包括工具性权力、结构性权力和象征性权力。一旦数据系统就位，根据数据作出的叙事变得可靠，可以强化和具体化特定的观察方式，使其很难被推翻。因此，应该谨慎和仔细考虑数据系统，特别是当依赖数据来作出影响人们生活机会的决策时。

约翰斯(Johns 2021)将国家治理和社会内部治理描述为定期化、规范化和系统化的"指导机制"。类似于政府用来表示数据的旧方法，如人口普查、地图和博物馆，人工智能和自动化决策系统也是"演示技

术"，超越了描述，积极参与"编造"人和问题(Hacking 2007；Isin &
Ruppert 2019)。长期以来，国家通过数据和演示技术巩固权力和暴力
(Hoffmann 2020；Milner，Traub 2021)，并详细展示了如何利用计算技术
的进步来影响人们的生活机会，进行歧视性的社会分类(Gandy 1993)。

　　从数据正义的角度来看，调查数据治理的关键是关注数据系统如何
成为结构性不平等和系统性暴力的长期历史的一部分，其中大部分与行
政分类系统有关，这些系统可以以提供安全或导致更大脆弱性的方式使
用(Spade 2011)。伊辛和鲁珀特(Isin & Ruppert 2019)认为，通过增加数据
化，一种新的政府制度正在出现。这种新制度扩展了旧的统治实践，同
时也通过数据处理的普遍性而引入了新的权力动态。他们认为，与主
权、纪律和监管等旧的政府政权一样，新兴的"监管权力"是当代国家　29
权力整合的核心(Isin & Ruppert 2019)。当代数字追踪技术使得更广泛、
更普遍的"可监管性"成为可能，并在这个治理过程中产生了新的生活
领域(Isin & Ruppert 2019)。

　　此前的数据治理相关研究中使用了类似术语，例如算法治理(Aneesh
2009；Danaher 2016；Yeung，Lodge 2019)，着重讨论了"国家治理的技术
和逻辑是如何发生变化的"，这导致了"作为一个国家看待和存在的新
方式"(Johns 2021)。弗尔卡德和戈登(Fourcade，Gordon 2020)将这种新的
治理形式称为"数据主义国家"(dataist state)，这是一种比起"人民意
志"更重视数据、预测和控制的治理模式。斯科特(Scott 1999)指出，国
家行政机构通过使用信息系统来使人民与各地遵从政府想做的事情。安
尼士(Aneesh 2009)提出了关于算法系统如何为规范社会行为提供新机会
的担忧。杨和洛奇(Yeung，Lodge 2019)进一步关注算法决策如何更广泛
地影响政府决策，特别是在风险管理和行为干预方面。尽管各国政府长
期以来一直依赖数据和计算技术来为决策提供信息，但对当代算法过程
的担忧主要集中在"加剧和加速"权力失衡、不平等和歧视的方式上
(Milner，Traub 2021)。

　　霍夫曼(Hoffmann 2020)提请我们注意数据暴力，将历史上通过数据

系统实施的暴力与现在通过使用人工智能和自动化决策系统发生暴力的方式联系起来。当代和历史上的暴力事件是由武力和胁迫促成的，但也是由信息权力不平衡造成的。"与军事化一样，数据化不仅依赖于物质资源、劳动力和生产的重新配置；这也是一个话语过程，即一个通过量化和统计方法的逻辑来为人类生活定位和赋予价值的过程。"数据系统可以用来巩固权力，因为其可以将对人的价值的假设具体化，并讲述有影响力的故事，以表明什么是利害攸关的、应该做些什么来解决人和问题。社会分类在结构上嵌入了对正常或不正常的分类，为那些被视为正常的人创造优势，为那些不正常的人带来劣势(Crenshaw 1989；Spade 2011)。霍夫曼引用了甘迪(Gandy 1993)的话，他认为"以数据的形式对人进行分类从来不仅仅是描述性的——它总是与更广泛的权力、规范和规范体系有关"。

如果要防止类似的情况继续发生，各国政府在量化和数据化人民和社会问题的同时，需要认识到这些过程在历史上是如何被滥用，被用于种族主义、性别歧视、阶级歧视和残疾主义暴力的。数据系统一直是殖民主义和奴隶制的重要工具。根据本尼迪克特·安德森(Benedict Anderson 2016)关于"想象的共同体"的研究，伊辛和鲁珀特(Isin, Ruppert 2019)指出，人口普查、地图和博物馆不仅仅是描述性的。他们认为有必要将对象和实践视为演示性的。例如殖民者使用地图和人口普查等实用技术来监视和控制土著和第一民族人民(Indigenous and First Nations peoples)(Arora 2019a；Kukutai, Taylor 2016)。米尔纳和特劳布(Milner, Traub 2021)认为，奴隶制"是大数据系统控制、监督和实施暴力的第一个用例，以确保全球权力和利润结构"。殖民者、奴隶主和贸易商将人类的生命减少到可以量化的尺度，并收集了大量数据。在这种情况下，数据处理不仅仅是生成和收集特定类型的数据，还包括限制和控制信息。利用数据系统为国家暴力提供便利的情形跨越了 20 世纪和 21 世纪。霍夫曼(Hoffmann 2020)提供了一系列例子，包括美国政府使用人口数据强迫驱逐和谋杀美国原住民，在第二次世界大战中利用人口普查数据拘禁日裔美国人；纳粹利用欧洲的人口记录屠杀犹太人和罗姆人；以及在卢旺达使用登记系统来瞄准和杀害图西族人。

以上例证展示了歧视和意识形态如何嵌入数据系统的创建中，以及这些系统如何被暴力使用。例如，在加拿大，殖民者绘制的地图把边界画得好像居住在这些地方的土著已经将土地割让出去了一样，但事实并非如此。同样，对历史人口普查数据收集的批评指出，像人口普查这样的系统可以迫使人们进行严格分类，以满足那些人口管理者的利益(Hacking 2007)。地图和人口分类系统是布迪厄(Bourdieu)所说的典型暴力的例子，因为这些工具是合法的，使得工具开发者的意识形态立场自然化。正如哈金(Hacking 2007)所言，分类系统在"虚构人物"方面发挥着积极作用，一旦分类到位，人们就会与这些排序、定义和意义构建模式互动，从而产生"循环效应"。随着行政机构引入和管理分类系统，其便得到"巩固"和规范化。分类系统的危险在于"会引发刻板印象"(Hacking 2007)。斯科特的研究清楚地表明，国家是如何强迫人民和地方进入简化类别，以服务于观察者的利益。他的主要批评观点是，当伴随着国家权力、意识形态利益和信仰，而不是严格的科学实践、威权统治和没有资源抵抗的公民社会时，秩序化的自然和社会的行政过程会导致悲剧和失败(Scott 1999)。他详细描述了不同的政府如何利用信息权力，在全球范围内导致人类的悲剧和失败。

当数据系统被当权者用作"证明工具"和"协调工具"时，数据系统会威胁到边缘化社区(Desrosières 2015)。贫困衡量是说明数字如何被用来服务于政治目的的典型例子。在英国，自19世纪以来就开始衡量贫困。这些测量标准在19世纪和20世纪被用来惩罚穷人，将他们关进济贫院，在那里因恶劣的生活条件而死亡是很常见的现象(Platt 2005)。相比之下，第二次世界大战前后的贫困衡量标准，是社会正义倡导者用来确保福利国家保护的关键，例如全民家庭津贴、免费的国民医疗服务和统一费率社会保险制度(Abel-Smith 1992)。随着新自由主义的兴起，贫困衡量标准再次发生逆转。玛格丽特·撒切尔(Margaret Thatcher)利用她

31

执政期间贫困人口翻倍的事实，来为导致这些高数字贫困的新自由主义计划辩护(Platt 2005)。贫困衡量一直是有争议的领域，即当权者是否依赖相对贫困或绝对贫困的定义并利用贫困数量来加强对资源和机会的更公平分配，还是为增加惩罚性措施辩护。

量化就是将某物转换成数字，这种转换是由当地特定的惯例决定的，这些惯例包括语言、妥协、程序和计算等。尽管量化通常呈现为客观中立的过程，但实践中涉及社会和认知创造力(Desrosières 2015)。人类的量化表征从来都不是完整的表征；它是一种局部和抽象的表现形式，因此很容易被置于其他人讲述的故事中。

统计学和所有形式的量化(概率量化或会计量化)通过其存在、流通及其在科学、政治或新闻中的修辞用法改变了世界。量化惯例本身就是国家历史和政府形式的产物(Desrosières 2015)。

如果以这种方式来看，用于测量的工具不能被分离，也不能被视为独立于其的使用方式(Desrosières 2015)。

第三节　通过人工智能和自动化决策系统实现数据化治理

数据、数据的使用方式和治理模式是相互构成的；这些因素相互影响、相互改变。基钦(Kitchin 2014)认为，人们普遍认为数据是存在的，存在于生活中的方方面面，等待着通过数据收集过程而被获取。上述观点讨论了数据的表现方式；数据是如何构成人的分类和问题的(Hacking 2007)。由于人类是通过数据构建的，对人们生活的现实世界产生了影响。

因此,虽然数据被视为存在的东西——关于真实世界的东西,但更有效的理解是,数据既是真实世界的组成部分又是真实世界的生产者。数据不仅仅是一种抽象和代表,它们是构成性的,它们的生成、分析和解释具有后果……如果数据在某种程度上受制于我们,那么我们也受制于数据。数据是从世界上获取的,但反过来又在世界上发挥作用。数据不是,也永远不可能是良性的。相反,数据需要被理解为框架性的(Kitchin 2014)。

将数据和数据系统视为真实的组成部分和真实的生产者,就会提出这样的问题,即"大数据"时代的数据治理意味着什么,是先进的数据生产、收集、存储和处理?转向"大数据"流程如何改变政府了解和处理人与社会问题的方式?这些变化是否带来了具体的社会正义问题?人工智能和自动化决策系统、政府实践和治理模式以何种方式相互弥补?

人工智能和自动化决策系统的创新之处在于,不仅被用于了解人的知识,而且还利用现代数据收集功能来改变个人和群体层面的行为(Zuboff 2019)。亨曼(Henman 2018)认为,算法治理的特点在于其预见性。数据治理中的客观诚信是基于"数字炮制的主体",并结合基于预测和预期逻辑的规则驱动力。这与国家目标的转变相辅相成,即政府越来越多地转向管理社会问题的影响,而不是其原因(Fourcade,Gordon 2020)。"控制影响通常意味着确定哪些主体容易受到社会问题的影响——疾病、帮派成员身份、医疗破产——并按照他们的方式分配资源,即使是以牺牲根本性问题的解决为代价。控制影响还需要对整个人群进行侵入性监视,因为每个人都是此类干预的潜在对象。"(Fourcade,Gordon 2020)增加预测性监视的理由是各州能够为那些有需要的人提供更好、更早的支持。作出此声明的政府机构需要对这一承诺负责。

通过对政府使用数据系统的实证调查,引发了对使用预测性系统的担忧,即在没有充分证明和了解其影响或限制的情况下如何使用预测系统(Dencik,Hintz et al. 2018;Redden,Dencik,Warne 2020)。在某些情况下,伤害是由于盲点造成的;开发人员未能认识到所有知识都是局部的

32

和情境的(Collins 1997)。理查森(Richardson 2021)通过美国警方使用地理信息系统(GIS)来说明这一点，GIS 技术提供输出，如犯罪地图，这些输出通过选择过程提供可视化信息。虽然警务罪案地图看起来只是对城市犯罪的直观描述，但实际上，系统提供的数据和可视化细节可用于更好地了解城市、人民和犯罪。她认为，犯罪地图呈现的可视化侧重于街头犯罪，如破坏公物和入室盗窃，而不是那些实际上对整个社会造成更大损失的犯罪，如企业犯罪或网络犯罪(Richardson 2021)。

第四节　数据治理产生鸿沟

33

大数据呈现出一种错觉，即通过访问更多的数据和计算能力，便可以了解更多。但是上述研究反而关注到，一方面，人们对数据的依赖性(即使拥有更多数据)将导致选择性、片面和有偏见的陈述；另一方面，这些算法系统并未实现使政府机构为人民提供更好服务的功能，反而导致政府行政系统与人民之间的鸿沟。在大数据时代，人类致力于更加缩小世界以便理解数字社会。虽然数据化呈现出客观性，但数据化过程涉及信息的减少和与复杂现实知识的距离(Duffield 2018)。人类的潜力被简化为对其过去行为的统计分析(Duffield 2015)。达菲尔德(Duffield)认为，在这种距离中，当权者看待自己同胞的方式发生了令人担忧的变化。

新自由主义治理的出现，见证了治理模式逻辑的转变。第二次世界大战后，政府管理的目标不再是确保每个人都能获得平等的机会和有尊严的生活的权利，而是根据凯恩斯主义(Keynesianism)，目标是确保所有人的生命都被平等对待。新自由主义治理将市场的逻辑扩展到生活的所有领域。在这种由不同政府采用不同程度的治理模式下，缺乏社会和集体保护的情况，个人有责任应对市场化带来的危机。新自由主义治理将每个人都训练成为理性的自我管理者，以摆脱结构性与系统性的不平等和暴力，而这种特权仅限于已经占据好位置的富人群体和有能力管理自我的理性人。

达菲尔德认为，数据化治理中再次看到人类价值的转变。他认为，人类越来越被视为缺乏理性和完全的思考能力。相反，人类作为对象而存在，以社会期望的方式行事，并在不这样行事的情况下受到监视。此外，令人担忧的是，政府如何使用预测系统来塑造人们的生活，而人们在不知情的情况下越来越多地受到影响。

通过使用算法系统作出影响生活结果的决策不仅会改变行政程序，还改变了使用该系统的人与依赖该系统的人之间的关系。一个人与自己以及与他人的关系是一种"政治形态"(Amoore 2020)。随着这些形态在整个社会中逐个单位地发生转化，这种微观结构会改变整体。"当代算法正在改变使人和事物变得可感知并引起注意的过程。"(Amoore 2020)借助风险评分系统等数据化政府系统，人们的身份常常在其不知情的情况下被数字化，而这些数字身份由个人未输入且没有机会验证的数据填充。由于个人评分系统采用为消费者分析或营销而收集的数据和设计的做法，因此该过程充满了商业逻辑，包括价值逻辑(Johns 2021)。

34

政府应用程序的具体示例中已经证明商业逻辑的存在。例如，政府依赖由益百利(Experian)等信用评级公司生产和购买的公民数据。此外，谷歌、亚马逊、IBM、毕马威(KPMG)和安永(EY)等全球技术和咨询公司向政府出售帮助政府管理和解决问题的能力与方案。政府面临资源限制和越来越大的行政管理需求，因此转向那些承诺能够帮助政府提供更好服务、更高效率的公司。在新型冠状病毒肺炎(COVID-19)疫情期间，这种转变更加明显。结果是，这些公司更多地参与决策，因为决策依赖于其存储、管理和分析所收集到的关于人民与社会问题的数据。换言之，私主体的公司在公共服务管理领域销售自己的服务。政府购买现成的服务和系统，或建立长期的社会运动公私合作伙伴关系(Dencik, Hintz et al. 2018)。

一方面，通过数据化，政府和商业领域交织在一起，由商业利益而不是公共服务价值观来影响政府决策(Garrido et al. 2018；Redden 2018a)。

另一方面，政府机构与私营公司签订帮助运营公共服务的合同越多，其发展内部专业知识的能力就越少，并且随着时间的推移，会被束缚在公私合作伙伴关系中。这一过程使得决策的作出对于公众来说是难以理解的，如果向公众公开并使其理解可能会损害公司的商业秘密等利益(Kitchin 2015)。丹席克(Dencik 2022)认为，随着这种转变，政府成为企业通过数据化将公民商品化的"同谋"，也赋予提供公共服务的"食利者"锁定商业社会秩序和精算逻辑的途径。如此一来，这些"减法"的计算逻辑导致进一步削减服务，从而强化新自由主义思想路线，并增加不平等，从而在增加更多惩罚性方法的同时掩盖其原因(Redden 2015)。

政府使用自动欺诈检测系统受到越来越多的审查。例如，荷兰系统风险指示(SyRI)、澳大利亚在线合规干预系统(RoboDebt)、美国密歇根综合数据自动化系统以及英国使用的基于风险的验证系统均受到公开批评。对其统一的批评在于，人们通过参与公共服务而自动成为风险评估目标，以及系统并未向那些被评估为有罪的人告知，就好像这些信息属于政府专属的一样。

上述法律上的质疑最终使得三种自动欺诈检测系统被停用。这一过程耗费了大量的时间和精力，同时许多人的生活也因此被摧毁。从治理的角度来看，影响某人按利益优先排序或者根据风险进行排名的数据概况本身可能被视为决策结果。这样的决策结果可能具有巨大的影响力，尽管人们通常无法调查其真实性。例如，推断某人是否属于伦敦的帮派成员的结果，可能会使其名字被添加到疑似帮派成员数据库中(Amnesty International UK 2018)。即使人们认为该数据库带来强化种族主义刻板印象以及欠缺准确性，其仍然在继续使用：用于评估是否属于帮派成员的因素包括音乐收听习惯和与他人的友情关系。该数据库与就业中心和住房中心的工作人员、学校校长以及当地医院的代表共享。那么，一旦某个人的名字被添加到该数据库中，可能会影响其获得福利、住房和教育的机会。对此开展了公众审查，发现年轻黑人男性在矩阵中的比例过高，而且，所列出的人中有 38% 的人几乎没有或根本没有风险(Dodd

2021)。像帮派矩阵这样的系统，通过连接选定的数据点对人进行推断，从而影响他人如何被社会看待以及其生活机会。

因此，政府在何处以及如何使用人工智能和自动化决策系统非常重要。这些系统被用于警务和司法系统的风险评估、福利管理、检测福利欺诈以及监视和安全。虽然政府通过在公共服务中引入计算系统来创新服务，但人工智能和自动化决策系统的问题在于其使用方式"更接近国家的强制力和权力的再分配，特别是在利益分配(裁决)和惩罚与制裁(执法)上。此外，这些新的治理工具更接近作出决策结果，与过去几轮政府创新相比，更大程度地取代人类的自由裁量权"(Engstrom，Ho 2021)。

本书对澳大利亚、加拿大、欧洲、新西兰、英国和美国的政府机构使用自动化决策系统的研究表明，人工智能和自动化决策系统的试验主要在司法和警务、社会福利和管理、儿童保护以及教育和移民领域进行(Redden et al. 2020)。这些系统被停止使用的事实表明，政府并非必须使用人工智能和自动化决策系统，而关于是否以及如何使用这些系统存在争论，应该相对谨慎对待。本书的数据正义实验室以公共部门对人工智能和自动化决策系统进行验证这一领域为研究对象，提出的问题是：当系统出错时，谁将受到最大的负面影响。因为这些系统属于社会分类系统，在多数情况下用于监视和风险评分(Gandy 2005；Hoffmann 2019；Lyon 2002)。

关于应该在何处使用人工智能和自动化决策系统来为政府决策和服务，是具有政治性的。当涉及如下问题时，其政治性变得更加明确：在哪些公共服务领域实施这些系统？哪些人会直接受到这些系统的影响，哪些人不会受到影响？相关研究表明，社会分类和风险评分系统对低收入人群和有色人种的影响更大，因为这类系统依赖的数据包括福利获得或历史、街头犯罪指控、移民身份等。此外，很少有调查研究预测系统如何影响受其影响的人或依赖该系统的决策者(Dencik、Hintz et al. 2018；Redden et al. 2020)。关于是否、在何处以及如何使用自动化决策系统的讨论也比较少，受决策结果影响的人往往也不参与作出决策的过程。这

36

导致了决策盲点，其中部分可以通过受影响的群体与从源头矫正不公正现象的人的合作来有效避免。

研究还表明，政府通常需要较长时间才能暂停或取消使用那些确定会造成很大危害的系统。同时，也需要付出很多努力才能确保是有效的补救和停止危害。所有这些因素都揭示了"值得"和"不值得"的二元论不仅嵌入数据中，而且嵌入围绕自动化决策系统的开发、实施和使用的决策中。

当越了解政府使用数据系统对人们所造成负面影响(如第四章所述)，就越应该清楚有必要花时间和精力调查数据系统的影响。现有大量研究表明，人工智能和自动化决策系统并不总是按算法设定和输入数据的预期工作，可能造成诸多伤害。但是这些系统仍被持续引入政府机构工作中，而政府机构没有强制性规定要求说明系统的工作机制。这种未能确保系统提供商证明其有用性并尽可能避免伤害的现象被铃木·加维(Shunryu Garvey 2021)称为"AI失忆症"现象。加维认为，使用人工智能的人往往拒绝解释其历史。杨(Yeung)则强调，那些从人工智能和自动化决策系统中获利的人，须对这些系统带来的风险和后果负责，"包括有义务确保存在合法有效的机制，以预防这些技术侵犯人权，并关注人权和法治所依赖的更大的集体和共享社会技术环境的健康"(Yeung 2018)。尽管人工智能和自动化决策系统通常被认为是科学的，并且受益于高度专业化的专业知识，但其发展的局限性之一是，通常不会受到自然科学和工程学等所采取的那种严格批评的审查。

人工智能和自动化决策系统的使用得到了硅谷资金、游说者和相关发起人的支持。因此，人工智能尤其容易受到过度炒作。柯林斯(Collins 2021)认为，鉴于人工智能驱动的过程对人类生活的影响范围和潜在影响程度，其需要接受像其他科学(如物理学)相同水平的严格检查。例如通过制定规范，允许内部和外部评估，以确保知识和实践的完整性。此外，这种方法将受益于包括具有专业知识的社会正义组织。柯林斯提到了"建设性技术批评"的必要性，这意味着被批评的人从所提供的批评

37

中学习并采取行动。

缺乏对人工智能影响的调查研究是数据正义中的关键问题，揭示了对边缘化人群将如何受到影响的关注程度不够。这种基于年龄、性别、性取向、种族、残疾和收入而对人们缺乏关注和贬低的现象并不新鲜。人工智能带来的新影响是其存在潜在的危害，同时为控制者提供了前所未有的监控、监视他人的能力。尤班克斯(Eubanks 2018)和罗伯茨(Roberts 2019)提出了对数据化政府系统的担忧，即创造"新的惩罚性和反民主的社会控制模式"，这些模式使得穷人更加贫困(Roberts 2021)。罗伯茨认为，人工智能和自动化决策系统更广泛地转向惩罚性社会治理，这是一种与新自由主义相关的治理模式，带来了公共服务的削减、更多的危机、国家职能的私有化，以及加大对人们的行为修改和刑事定罪力度(Roberts 2019)。

计算机化的风险评估数据是从由种族、阶级和性别的等级制度塑造的社会环境中所获取的。预测算法将这种不平等的社会结构转化成"分数"，该分数必然反映个人的特权或劣势地位。"输入垃圾，输出垃圾"这句话抓住了数据收集的一个重要特征，但没有抓住内在结构性偏见的本质。"输入不平等，输出不平等"更为贴切(Roberts 2019)。

罗伯茨和尤班克斯都强调要注意数据系统在儿童福利领域的局限性，系统的根本问题比其计算机化的工作方式更深层次。问题在于数据化的儿童福利系统无法帮助家庭满足其需求。在儿童福利中使用数据系统扩大了专制的治理制度，这种治理模式旨在控制人，而不处理有罪、无罪或需要的问题。罗伯茨强调："阻止大数据对社会构成威胁的方法不是改进大数据，而是要改变大数据背后的不公正社会结构。"

第五节　结论：考虑潜在的数据化未来

通过对政府使用人工智能和自动化决策系统的研究，发现许多政府机构正决定取消使用。某些情况下，取消使用与被调查有关，最常见的原因是民间社会动员、媒体批评报道、法律行动干预和政治化。本章研究表明，技术的开发和实施方式并非不可避免。相反，技术是产生"斗争"的场所(Eubanks 2011；Dyer-Witheford, Kjøsen, Steinhoff 2020)。这种"斗争"源于相互竞争的价值观、政治和愿景。

关于如何确保数据化的未来是我们所有人都希望生活的未来，本书提出了一系列想法。其中一些侧重于政府机构变革以应对不断变化的社会环境，特别是通过与受影响的社区合作来实现。激发变革的前提是将政治和民主价值置于批评和异议的讨论之中。政府可以在系统开发之前，通过采用同行评审流程确保围绕自动化决策系统的使用作出更严格的决策(Veale, Brass 2019)。正如维尔和巴拉斯所言，审查流程将所有与系统有利害关系的人纳入进来，特别是受系统影响的人以及从事社会正义研究的人。其他人则专注于推动政府与企业的公私合作伙伴关系更加透明和负责任。布洛赫-韦巴(Bloch-Wehba 2021)认为应对其施加透明度义务以及直接参与的原则，并且这些义务应由社区监督控制。

在美国，尤班克斯(Eubanks 2018)和开源软件 AI Now 的研究组织认为，有必要确定禁止使用人工智能和自动化决策系统的领域，因为在这些领域的潜在危害非常大，应由公众决定是否使用。除了加强正当程序保护外，还主张要确保有效性、道德和合法性的证明(Layton et al. 2020)。下一章将讨论可以通过数据化治理模式加强公民参与的例子。

因此，数据化治理警示人们必须应对受强化和新形式的压迫和暴力。罗伯茨认为，对于技术与政治之间的关系，应该秉持"一种促进正义、平等和民主的看法"，而不是复制过去社会中不公正的现象，应建

38

设更加人道主义的未来。这种观点在第八章中进行了更为详细的讨论，但侧重于社会正义。从治理的角度，路易斯(Lewis 2021)和尤班克斯(Eubanks 2018)认为，向前发展的核心是推动政府拒绝其所采用的紧缩和稀缺的逻辑。理查森(Richardson 2021)认为，与其开发技术解决方案，政府不如解决导致伤害和不公正的社会制度和结构条件。她指出变革正义的必要性，因为正义要求对人工智能系统的危害进行检视，关注其对个人和集体造成危害以及修复危害的能力。此外，还应关注包括机构在内的同谋的旁观者。

> 由于许多算法危害源于或与长期存在的系统性问题(例如种族隔离、贫困和警察不当行为)有关，这些问题不仅是不良或被误导的行为者造成的，而且也是旁观者促成或忽视危害的结果，因此，对其进行全面而精明的分析是必要的。变革性正义方法可以带来根本性的社会变革，以及各种技术和非技术干预措施，可以充分应对技术介导的交叉和代际问题，并经得起当前的创新步伐的检验(Richardson 2021)。 39

采取这种更全面方法的目标是努力改变导致危害的社会制度和结构条件(Richardson 2021)。

本章通过关注信息权力，讨论了转向数据化治理对数据正义含义的影响，概述了当代问题如何与更长期的结构性和象征性暴力历史联系起来。数据系统以构成人和地方的方式使用，因此具有演示性和构成性。此外，还描述了这些数据结果如何反过来作用于对人、地点和问题相关的决策，从而对现实世界产生影响。这种影响在数据化治理模式时代继续存在。然而，治理本身通过数据收集和分析能力的大幅提升而发生变化，出现了"监视权力"(Isin，Ruppert 2019)的新权力模式和监控驱动的"数据主义国家"，其重视数据化控制而不是人民的意志(Fourcade，

Gordon 2020)。预测逻辑将政府的重点转移到管理问题上,而不是试图找出这些问题的原因并加以解决。

数据实现远距离控制,进一步强化了对管理、服务提供、人员和问题的非人性化方法,引人担忧。这种远距离控制更容易在行政预测系统中表现出来,政府机构根据算法结果进行监管,而不是与人和问题进行有意义的人工干预。相关人员受制于数据所反映出来的预测性的、片面的和带着社会结构中偏见的决策影响。尤班克斯(Eubanks 2018)和罗伯茨(Roberts 2019)认为,继续沿着这条道路前进只会导致更具惩罚性和反民主的治理模式。这条路不应该成为人类的必然选择。政府行政部门正在以不同的方式应对这些数据驱动系统带来的挑战,其中一些采取了更加以人为本和响应迅速的方法。正如后文章节所讨论的,这些回应与公民社会和社会运动有关。

第三章　数据与去西方化

社会的快速数据化迫使我们面对数据与资本主义、治理和公民身份
交叉的关键问题。然而，当今世界上大多数人生活在西方之外，但关于
数据化、人工智能、民主和正义的主要辩论仍然是参照欧美的社会背
景、基础设施安排、愿景和实践来框定的。本章认为，大多数数据化方
法都依赖于有问题的"数据普遍主义"(Milan, Treré 2019)，倾向于忽视
不同背景、实践和愿景的异质性，并掩盖差异和文化特殊性。这种数据
普遍主义可以被视为技术决定论的另一种表现形式。如果要了解全球北
方，尤其是经常被忽视的"全球南方"的数据化的特殊性，就应该以批
判性的眼光来看待这种数据普遍主义。在社会、政治和认知层面思考数
据正义时，需要认识到，对(内在)正义本身的诊断就是一种权力的体
现，这种权力往往遵循历史上的全球南北关系。因此，本章讨论并解构
数据普遍主义，包括数据化、数据正义的性质、动态和假定的不可避免
的特征。这意味着，在反思数据正义的社会、文化和政治影响时，采取
一种超越西方概念和地域限制的方法，突出许多南方国家数据占用过程
中的紧张、差异和不平衡。接下来，本书将考察能够突破传统数据概念
及其与社会正义的关系的认识论工具。

更具体地说，本章绘制了该研究领域去西方化的参数，并讨论了来

自"南方"的数据研究和数据正义去西方化的关键要素(假设、条件、意义和维度)。"南方"是一个多元实体,包含弱势群体、异类、另类群体、反抗者和颠覆者(Santos 2014)。本章反思本体论的、认识论的和伦理学的问题,该研究有助于超越数据普遍主义来理解数据化和数据正义。本章还在其数据化方法中批判性地参与了社会研究的普遍主义(Connell 2014)。

本章首先讨论数据普遍主义问题,然后从四个关键维度阐明去西方化对数据研究的意义:学术文化、研究主题、证据主体和分析框架。最后,将这些反思与关于社会研究的普遍性、公共社会学的价值和数据正义的意义联系起来。

第一节　数据普遍主义的问题

互联网重塑了人类的交流方式。大数据则不同:它标志着社会处理信息方式的转变。假以时日,大数据可能会改变我们对世界的认知方式(Cukier & Mayer-Schönberger 2013)。

43　　　　大数据将重塑我们的生活、工作和思考方式。建立在因果关系重要性基础上的世界观正受到相关性优势的挑战。拥有知识,曾经意味着了解过去,现在意味着有能力预测未来。解决大数据带来的挑战并非易事。相反,它们只是关于如何最好地理解世界的永恒辩论的下一步(Cukier & Mayer-Schönberger 2013)。

一旦看到,我们就可以顺应它们的本性,而不是与之抗争。大规模的复制将会继续存在;大规模跟踪和全面监控将继续存在;所有权正在转移;虚拟现实正在变成现实;无法阻止人工智能和机器人不断改进、创造新业务,并取代目前的诸多工作岗位。这可能与最初的动机相悖,但我们应该拥抱这些技术的不断混合。只有使用这些技术,而不是试图阻止,才能充分利用其所提供的功能。我并非是指不应该干涉技术,而是认为应通过法律和技术手段来管理这些新兴发明,以防止实际(而不是假设)的危害(Kelly 2016)。

对于有兴趣应用人工智能方法和功能的社会主体来说,获取可靠且有意义的数据一直面临障碍……经济赋权和平等包容提案面临的数据挑战,说明了从弱势群体收集大量数据的困难,这些群体往往更短暂地参与正规经济,且对隐私高度敏感……在数据已经存在但不易获取的行业中,拥有数据的主体有机会投资于数据共享关系和负责任的开源,以允许其他利益相关者利用这些数据。在广泛共享数据集之前考虑隐私和安全风险以及潜在的有害用例便非常重要。在数据较少的行业,投资人可以为数据收集提供助力。投资人和政策制定者可以酌情利用其资源和影响力来支持数据的收集和共享(Google 2019)。

前两段摘自一篇关于大数据的著名文章,作者是知名记者肯尼斯·库克耶(Kenneth Cukier)和牛津大学教授维克托·迈尔-舍恩伯格(Viktor Mayer-Schönberger)。该文章使得 2013 年出版的《大数据:洞察时代工作、生活和学习基本指南》(Big Data:The Essential Guide to Work, Life and Learning in the Age of Insight)一书十分畅销。第三段摘自《不可避免:理解将塑造我们未来的 12 种技术力量》(The Inevitable:Understanding the 12 Technological Forces That Will Shape Our Future)一书,作者是著名的技术爱好者和《连线》杂志的创始执行主编凯文·凯利(Kevin Kelly)。第四段摘录自 Google.org 2018 年 "人工智能造福社会"(AI for Social Good)项目资助的数百名申请者的研究报告。这段话概述了数据化与社会公益之间的关系,媒体学者麦哲伦和库尔德里(Magalhães, Couldry 2020)在关于大科技和数据殖民主义的文章中对此进行了说明。本章之所以选择这些摘录,是因为它们代表了如何看待数据化以及构建数据化与正义的关系。

前两段摘录说明了长期以来倾向于将数据化现象描述为无实体的东西，且认为在全球范围内都是同步的。虽然作者对数据化带来的巨大变化提出了一般性观点，但频繁使用"世界"一词。首先，其"世界"通常与美国或欧洲社会环境的特征相关联，并等同于美国社会。其次，文章存在同质化反思的风险，即针对所谓统一的世界，而忽视了数据化(以及数据正义的含义与实践)在不同社会形态中是以不同的方式展开。第三段摘录采用"不可避免性"的比喻，将与数据化相关的最具争议的不公正现象(如监视、跟踪、失业)描述为根本无法阻止，因此必须开始接受且与之共存。最后一句话说明了科技巨头是如何看待社会利益的，因此可以阐明数据化如何构建正义。正如麦哲伦和库尔德里(Magalhães，Couldry 2020)所解释的，基于各种原因，前述逻辑是有问题的。将数据短缺视为危及社会公益可行性的"障碍"，认为"投资人和政策制定者"利用其"资源和影响力"来构建关于"弱势"人群的数据集，是合理的(Google 2019)。如此一来，掩盖了对隐私和安全的担忧以及对弱势群体的保护。最后，没有提及理解这些可能的违规行为所需的个人能力，也没有提及构成这种能力的不平等条件。

因此，基于上述摘录，很难把握世界上不同社会与文化在数据化进程中所形成的复杂性问题，也很难理解数据化代表一种权势者的社会建构的必然性。本书认为，数据正义的理论设想与制度实践，不断受到人类和不同权力的影响，这些权力背后是不同数据反映的社会思维、行为和想象。在所谓的"全球南方"国家的社会政治结构中形成的数据正义的理论与实践，呈现出与"全球北方"数据化所赋予的不同特征。然而，尽管世界上大多数人口生活在"全球南方"国家，但围绕数据化、民主和社会正义的辩论仍然集中在"西方"背景，并通过"全球北方"的概念棱镜进行处理(Arora 2016，2019a，2019b)。这种现象被认为是一种"数据普遍主义"，"倾向于吸收不同背景和实践的异质性，并掩盖差异和文化特殊性"(Milan & Treré 2019)。这种普遍主义可以更好地理解为是对漫长历史中技术决定论、传播还原论的承继。在很大程度上，忽

45

视了世界各地不同人群根据自己的需要并通过其特定文化、传统和世界观的棱镜来应用技术的方式，包括数据化。因此，数据普遍主义倾向于淡化社会背景和文化特性的异质性、多样性和丰富性，将数据化和数据正义视为在世界范围内不可避免地、同质地展开的现象。

斯洛文尼亚哲学家、文化评论家齐泽克(Žižek)对"数据普遍主义"进行了反思。他认为，西方自由主义所假定的普遍性不仅在于其价值观被视为普遍的事实，而且适用于所有文化。这种普遍主义在更激进的意义上，是指西方人绕过自己的社会定位直接参与到世界普遍维度中。相反，一位非洲或拉丁美洲作家，由于其特殊性，被排除在以欧洲或北美知识分子组成的世界主义话语权之外，并且总是需要额外的解释或理由。数据普遍主义抹去了过去和外围对全球化的想象(Ferdinand, Villaescusa Illán, Peeren 2019)，并混淆了人们的认识，即资本主义和可计算的全球化的普遍愿景只是被允许表达的方式之一。正如著名人类学家科马罗夫(Comaroff 2012)指出，西方倾向于将非西方国家——"全球南方"——视为一个充满狭隘智慧、知识未经提炼和"未经加工处理"的异国情调之地。为了反驳这种观点，需要坚定地将当代数据化和数据正义的动态置于现代性的历史轨迹中。本书认为应该将现代性视为多重的、永久性竞争的、物化和时间性的复合体，融合在自由主义的伟大愿景中，即"民主的政治法律大厦"。西方现代性为殖民主义和后来的全球金融资本主义提供了知识基础。历史进程往往压制、排斥、边缘化和贬低"全球南方"的知识。目前，数据收集和积累的全球动态正在加速、强化和恶化现代性历史进程，迫使我们对跨越"全球南方"和"全球北方"的独特数据政治进行质疑。社会学家恩金·伊辛和伊夫林·鲁珀特(Engin Isin, Evelyn Ruppert 2019)认为，人类现在生活在一个新兴的、前所未有的全球数据帝国中。非殖民化研究学者米格诺罗和沃尔什(Mignolo, Walsh 2018)阐明了不同地方的历史、具体的非殖民化概念和实践如何进入国际对话，建立起跨越地缘政治位置和殖民差异的理解。同样，反思数据正义如何在西方以外的地方存在和形成，有助于对抗现代性的总体主张和政治认知暴力。更具体地说，可以突出其相关性和互联性。"相关性"是指围绕数据和社会正义的讨论是与跨越不同地理纬度、涉及不同人群的事实紧密相关。"互联性"旨在意识到所有生物与领土和宇宙之间的整体关系和相互依存关系。这意味着，数据(不)正义的表达只能与新自由主义中资本主义的悲剧性环境后果相关联。因此，数据研究中基于西方视角的固有总体主张被这种相关性视角所挑战，赋予了对背景、经验和愿景之间的联系、对话和相关性的追求特权。

在接下来的章节中，将会概述六个初步观察结果，从而引导去西方化的视角。然后，描绘和反思数据研究去西方化的四个维度：学术文化、问题、案例和分析框架。最后，将我们的思考与当代全球社会学辩论中的关键组成部分联系起来，由此阐明强大的、不断发展的数据正义概念的关键方面。

第二节　去西方化：假设、条件和意义

正如电影学者麻(Bâ)和希格比(Higbee)所言，去西方化可以看做是"一个持续的过程"和"一种知识转变"，作为一种概念上的'力量'和表现规范，它挑战并重新定位"西方的主导地位（真实的或想象的）"。"去西方化"概念的定义并不简单，因为这个现象包含不同的含义、维度和分析视角。核心是对西方学术研究和知识主导影响的批判。斯里兰卡传播学者古纳拉内(Gunarane)称其为"社会科学大国的寡头垄断"，其中包括美国和英国，也包括作为第二梯队的法国、德国、日本、荷兰和意大利。美国社会学家伊曼纽尔·沃勒斯坦(Immanuel Wallerstein)同样将世界划分为中心、半边缘和边缘，以描述现有的权力关系和不平等现象(Wallerstein 2004)。这种权力的寡头垄断在某种程度上定义了现有的"欧洲普遍主义"(Gunaratne 2009)，其需要一种基于希腊和启蒙时期思想的文化束缚的世界观。后果是可能导致在选择主题、研

究框架、方法和数据解释方面的偏见，这些偏见将通过西方价值论、认识论和本体论来过滤。在这个过程中，本土文学和哲学传统以及世界观面临被忽视的风险，而西方的内容、愿景和概念则被不加批判地应用。这听起来是显而易见的道理(至少对某些学者而言)，但事实上，推动去西方化的含义和因素在西方("全球北方")和世界其他地区("全球南方")是不同的。首先，非洲、亚洲、中东和拉丁美洲的传播研究比欧洲更早地解决了关于去西方化概念框架、主题、思想和知识来源的问题。因此，正如拉丁美洲媒体学者卫斯波得和梅利亚多(Waisbord & Mellado 2014)敏锐地指出，去西方化在某种程度上需要西方特别予以关注，因为这一过程在西方以外的国家被视为反对"学术欧洲中心主义"的必要手段。"去西方化"是一场思想变革，内涵丰富，也不仅局限于传播和媒体研究领域，而是深刻渗透到社会科学和人文学科中。本章并非旨在解开这场复杂、艰巨的辩论任务。但任何去西方化数据研究都应该从去西方化的意义、动机、需求和历史背景着手。换言之，不应该落入如下陷阱：一是认为存在一种去西方化的普遍性概念；二是认为推动去西方化的认识论和本体论的辩论只是西方的任务。

47

　　此外，去西方化的必要性还在于："全球南方"需要以其自己的方式被理解、分析和探索，而不是作为"全球北方"的某种分身。换言之，不存在所谓的"欧美原创、源自欧美"(Comaroff, Comaroff 2012)。基于此，"全球南方"不应该被视为"落后于世界历史的曲线，总是处于赤字状态，总是在追赶"(Comaroff, Comaroff 2012)，而应将其视为一个新奇、创造力和技术创新在蓬勃发展的空间(Mutsvairo 2018)。更重要的是，在"全球南方"，"全新的资本和劳动力组合正在形成，预示着全球北方的未来"(Comaroff, Comaroff 2012)。关于"全球南方"相对于发达的北半球总是落后的假设不仅是不准确的，而且正如西班牙和拉丁美洲文化教授希尔达·查(Hilda Chacón)所强调，这种假设"表明了关于南方的偏见和次要前提，这个前提是由权力中心(通常位于北方)发出的"。在科学研究和技术发展方面尤其如此(Medina 2014)。

去西方化的进程中应该考虑的另一个关键方面是，当在不同的数据处理方式之间建立联系和对话时，都需要认真考虑"全球北方"和"南方"的复杂性。这意味着，不能采用摩尼教式的描述，去淡化"全球北方"突破性的科学和技术进步的重要性，或者将本土知识浪漫化，从"全球南方"的技术参与历史中消除冲突和紧张。相反，"全球北方"和"南方"，以及其思维方式和相互联系，都应该被批判性地对待，因为如哥伦比亚人类学家阿图罗·埃斯科瓦尔(Arturo Escobar)所说的，都是多元世界的一部分(Escobar 2018)。与其重复陈旧的比喻、刻板印象和神话，不如努力理解并公正地对待社会世界的复杂性以及在不同背景下思考、感知、信仰、行动、生活和利用数据方式的丰富性。其历史、传统、文化、认知方式和生活数据并不能统一或者容易地解释。需要仔细挖掘出细微差别、差异和相似之处：本节的目的是揭示它们的错综复杂之处。此外，数据研究的去西方化应该与更广泛的去中心化社会理论保持一致(Arora 2019b；Connell 2014)，并有雄心向这个时代真正的全球社会理论迈进(Bhambra, Medien, Tilley 2020)。全球社会理论反对使文化差异同质化的普遍主义，而是努力寻找解决社会不平等、暴力、压迫和种族主义等全球性问题的办法(Hanafi 2020)。这一点将在本章的结论部分进一步展开。最后，数据正义的去西方化，不仅是对认知多样性的贡献，也是对认知正义的贡献，这是一场确保不同的认知方式得到评价、尊重和保护的积极斗争。因此，其目标不应仅仅是表达他者的声音，还应该包含平权行动关键组成部分，即严肃对待不平等、压迫和不公正现象，并寻求具体的应对之策。

第三节 数据研究中去西化的四个维度：
文化、问题、案例和理论

本节关注的是在(关键)数据研究领域中哪些元素正在被"去西方

化",在何种情况下以及产生何种后果。卫斯波得和梅利亚多(Waisbord,
Mellado 2014)从四个关键维度充实了去西方化:学术文化、研究主题(问
题)、证据主体(案例)和分析框架(理论)。下文将在关键数据研究和数据
正义讨论中应用这些维度。

"学术文化"维度是关于教学和研究实践以及这些实践的社会意义
的相互关联和明确信念的网络(Ringer 1992),包括"学者根据自己的个
人特征、专业经验、致力于教学与研究及其科学成果"(Mellado 2011)。
根据卫斯波得和梅利亚多的观点,审视学术文化去西方化是关键,尤其
是当美国和欧洲国家普遍存在的标准和共享实践,越来越多地定义了全
球数据研究的期望和原则。虽然不能以单一的"西方学术文化"来简单
概括,但特定的西方学术文化价值观在某种程度上已经占据主导地位
(Mellado 2011)。例如,基于对 2010 年至 2016 年欧洲媒体和传播研究期
刊和欧洲学术会议的回顾,甘特尔和奥尔特加(Ganter, Ortega 2019)提
出,由欧洲媒体研究培养了有拉丁美洲背景的学术实践,而不是来自拉
丁美洲本土的声音。他们认为,实施去西方化的关键在于,需要来自各
区域的更加多样化的编辑委员会、更大的国际合作和比较研究报告,以
便在区域范围内捕捉多样性。同样,狄密特(Demeter 2019)在研究来自
"全球南方"的 400 多条传播研究人员的职业道路时发现,如果没有"全
球北方"的资本,他们几乎不可能成为国际公认的传播研究科学家,国
际教育网络与国际合作网络非常相似。最近的"传播学的白人化"(#
CommunicationSoWhite)运动和"引用黑人女性"(@citeblackwomen)集体的
重要讨论与之呼应,即非白人学者在传播研究中的发表率、引用率和编
辑职位方面的代表性仍然普遍不足(Chakravartty et al. 2018)。即使缺乏数
据研究学术界的具体数据,许多学者也一再感叹,以美国为中心的观点
过多,这些观点往往会复制类似的偏见和局限性,从而困扰媒体和传播
研究。这也与将英语强加为学术界通用语的影响有关(Suzina 2020)。巴
西媒体学者安娜·苏兹纳(Ana Suzina 2020)指出,英语起到"杀菌过滤器"
的作用,阻止非英语母语人士的知识发表、分享和辩论。这个问题也渗

透到数据研究和数据正义的辩论中。虽然诸如"来自边缘的COVID-19"博客和书籍等倡议(Milan，Treré，Masiero 2021)有意采用多语言来放大全球南方国家的声音，并以自己的方式赋予他们权力，但在处理数据正义问题的大多数环境和学术文化中，英语往往占据主导地位。这对参与者的发言权，以及辩论的想法和可以获得的见解都有严重的影响。

"问题"维度是指重新评估和扩展数据研究的本体论视野和数据正义的概念。意味着要关注那些在西方学者的分析雷达中可能不存在，但却与非西方世界相关的问题。目的是扩大研究范围并探讨西方学术的传统分析参数。还包括世界上特定国家和区域所不包含的、超出传统地缘政治界限的与数据有关的现象。"案例"维度涉及关键数据研究中证据主体的扩展，以及纳入非西方案例和经验以产生更复杂、细致入微和更有力的结论。此维度直接关系到超越数据普遍主义的必要性问题，放弃(或减少)基于狭隘案例和背景的普遍主义主张。迫切需要纳入来自"全球南方"的案例和经验证据，并促进围绕这些全球证据的跨国对话，以形成共同理论和经验。仅仅包括世界各地的数个案例是不够的，需要就共同的问题和结论进行深入的跨文化交流。事实上，肤浅的"世界之旅"只能保证展示多样性，但不能对共同问题、趋势和方向进行理性和批判性的综合。在数据研究领域，证据主体的扩展与西方研究不足密切相关。对一个新问题的研究，通常与具体案例的调查有关；因此，这两个维度紧密耦合，被一起考虑。

关于(印度)数字身份认证系统"阿达哈尔"(Aadhaar)复杂性的文章说明了"问题"和"案例"这两个维度之间的关系(Masiero，Shakthi 2020；Rao，Nair 2019)。几位作者从不同角度剖析了庞大的印度身份识别程序的运作，阐明了数字身份、生物识别、编码公民身份、数据管理、人口管理、监控行动和治理等问题。这是一个来自"全球南方"的重要案例，同时反思了印度特定背景下的关键问题，充实了全球类似经历中共同存在的其他问题。由曼彻斯特大学全球发展研究所(Global Development Institute，University of Manchester)的理查德·希克斯(Richard Heeks) 编辑的《数字发展工作论文系列》(Digital Development Working Paper Series)也为展开对"全球南方"问题和案例的若干见解和分析提供了平台。其中包括研究数据化对南非(Sutherland et al. 2019)和秘鲁(Albornoz, Reilly, Flore 2019)非正式城市住区的影响，以及对伊朗、印度、哥伦比亚和"全球南方"其他区域中数据不公正的反思。作为数据化社会的第一个大流行病，新冠肺炎疫情引发了对这场全球危机给社会正义和数据化带来的社会、文化、政治和经济后果的许多反思。这也意味着要审视非西方世界应对措施的特殊性，以及数据系统在此次紧急情况下受到影响的方式。在讨论新冠肺炎疫情对数据正义的影响时，全球数据正义项目(Global Data Justice project)合集(Taylor et al. 2020)调查了在紧急情况下，监测感染、信息和行为的技术的应用和证明方式，包括其副作用和所面临的各种形式的阻力。"来自边缘的 COVID-19"平台于 2020 年 5 月初推出，是一个多语言博客平台，旨在扩大边缘社会群体和个人对这一流行病的声音和叙述，他们经常被主流报道和政策所忽视。该博客平台发表了数十篇来自"全球南方"的文章，涉及长期存在的脆弱性和不平等、数据化的社会政策、数据行为主义和大流行时期的基层团结等问题。博客文章调查了新冠肺炎疫情与数据化社会相关的社会、经济、基础设施和再分配后果。边缘共同体如何经历各种形式的数据不公正，以及在世界边缘地区形成了哪些数据正义的实践和愿景。此外，该平台还与"全球北方"类似的排斥、边缘化和压迫情况联系起来。其主要贡献是发布了一本供公众开放获取的书，由 75 位作者用五种语言写成(Milan, Treré, Masiero 2021)。在广泛的数据研究领域，越来越多的人关注来自"全球南方"的问题和案例，试图从真正的全球视角阐明构成数据正义的几个要素。

　　"分析框架"维度是指在西方的关键数据研究中缺乏的、源自"全球南方"的理论观点和概念框架，还包括培养本土理论和哲学传统的需要。这些理论嵌入宇宙观中，并融入来自特定背景、当地文化和世界观的解释，可以更好地反映非西方社区的具体情况和理解。例如本土数据

51

主权(Indigenous Data Sovereignty，IDS)，在过去几年中成为一个重要主题和框架。此概念涉及土著人民控制来自其社区和土地的数据的权利，阐明个人和集体对数据访问和隐私的权利(Rainie et al. 2019；Walter 2020)，挑战了主流的数据权属、使用和许可方法。土著人民在收集、使用和处理关于他们自身、领土和文化的数据方面，往往很少或根本没有发言权。因此，本土数据主权引起对与数据权力和正义问题的关注，并质疑数据化进程中的后殖民动态。该例揭示了土著对其机构、资源和数据系统享有各种形式的自决权，并提醒人们警惕与数据相关的风险和危害日益增加的威胁。数据和技术主权的概念也启发了"全球北方"的项目，为巴塞罗那等欧洲城市的公民更民主地参与技术和数据系统奠定了基础。巴塞罗那市议会的道德数字标准将其定义为"个人或法人实体对第三方持有的信息的决策和自我管理权，前者也对其信息的使用和消费负责"。[①]

　　非殖民主义理论(decolonial theories)和后殖民主义理论(post-colonial theories)特别受到关键数据和人工智能学者的青睐，通过分析数据收集和利用的过程，来解释穿越当代数据关系的殖民权力机制。这类研究并不完全代表南方的原创贡献，也并不总是来自直接受数据不公正影响的人群。但是，其标志着通过殖民主义、非殖民主义和后殖民主义理论的批判视角，来看待数据动态(对"全球南方"和"北方")的影响越来越重要。[②]有学者强调当代数据商品化形式中固有的权力不对称(Thatcher, O'Sullivan, Mahmoudi 2016)。也有学者通过数据审视技术力量的殖民性。以数据为中心的认识论被视为权力殖民主义的一种表达，并举例说明了其如何强加"导致人类被驱逐出社会秩序的存在方式、思维方式和感觉方式，否认替代世界和认识论的存在，并威胁到地球上的生命"

52

[①]　https://ajuntamentdebarcelona.github.io/ethical-digital-standards-site/glossary/0.1/glossary.html.
[②]　由于篇幅原因，本章无法涵盖其他在技术、帝国主义和殖民主义之间建立联系的框架，例如 Kwet 的"数字殖民主义"(2019)、Toupin 的"反殖民黑客攻击"(2016)或 Syed Mustafa Ali 的(2016)关于"非殖民化计算"的研究。如需对数据和技术研究中的"非殖民化转向"进行更广泛的综述，包括对数字、数据、技术殖民主义融合链之间差异的讨论，请参阅 Couldry, Mejias (2021)。

(Ricaurte 2019)。还有学者(Couldry，Mejias 2019)通过数据基础设施说明土地、劳动力和关系的殖民连续性，并假设了一种新的社会秩序，即数据关系形成了新形式的数据殖民主义。这种新的殖民主义形式依赖于通过数据对人类的剥削和生命的资本化，就像历史上的殖民主义为了利益而侵占领土和资源并统治臣民一样。移民研究员米尔卡(Mirca Madianou 2019)展示了这种殖民主义如何具体影响对难民危机的人道主义。其他学者则关注算法殖民主义(algorithmic colonialism)及其如何影响资源分配，以及对社会、文化和政治行为、歧视性制度和道德话语的影响(Mohamed，Png，Isaac 2020)。埃塞俄比亚认知科学家和批判种族学者阿贝巴·比尔哈恩(Abeba Birhane 2020)写道："传统殖民主义是由政治和政府力量驱动的，算法殖民主义是由企业算力驱动的。前者使用蛮力统治，而人工智能时代的殖民主义则采取'最先进的算法'和'人工智能驱动的解决方案'来解决社会问题。"数据帝国(data empire)的概念由社会学家恩金·伊辛和伊夫林·鲁珀特(Engin Isin & Evelin Ruppert 2019)提出，这个帝国是通过横向且不局限于特定领域的社会活动家、安排、技术和逻辑的组合来运作的。虽然数据帝国不同于现代的欧洲帝国，但它继承了后者的政府逻辑，建立了新的权力机制和知识原则。

上述研究框架最大贡献在于，能够将现代数字基础设施与殖民地过去和现在联系起来的剥削、积累、提取和不公正形式的连续性带到数据研究的前沿。此外，这些分析反思与其他倡导非殖民化方法论的研究之间存在许多潜在的联系(Smith 2012)。设计正义研究者(Costanza-Chock 2020)强调，研究问题的概念化和设计背景，以及研究对参与者和社区的影响，也需要被问题化。这可以在更广泛的自决、非殖民化和数据正义框架内，在解决社会问题的土著研究人员和学者之间建立更牢固的关系。当然，也有学者指出研究存在的一些问题。例如，非殖民主义学者塔克和韦恩(Tuck，Wayne 2012)认为，去殖民化的隐喻及其向其他领域的扩展正在剥夺其概念的力量。这种概念的延伸掩盖了一个简单而残酷的认识，即非殖民化将需要改变世界秩序(Fanon 1963)。虽然学者通常会

53

小心翼翼地避免过度扩展其语义适用性，但应该始终保持认识上的警惕，这将有助于避免社会学家莱昂·穆萨维(Leon Moosavi)所说的"非殖民化潮流和知识分子非殖民化的危险"。重要的是，要跟踪非殖民化的核心原则和真正价值，以免削弱其分析能力、系统批判和政治潜力。同样，塔林大学研究员斯特凡诺·卡尔扎蒂(Stefano Calzati 2020)批判了库尔德里和梅西亚斯对数据殖民主义(Couldry，Mejias 2019)的表述，认为其"概念本质主义"往往忽视了数据化和殖民主义的根源。库尔德里和梅西亚斯(Couldry，Mejias 2021)回应称，对一般概念框架的依赖并没有消除数据化展开和应对过程中的局部特性。还有其他学者指出，如果不解决几个世纪以来这一胁迫过程所产生的暴力、暴行和剥夺，几乎不可能设想殖民主义(Segura，Waisbord 2019)。因此，库尔德里和梅西亚斯(Couldry，Mejias 2021)进一步阐述了历史殖民主义和数据殖民主义之间的区别。他们认为，虽然物理暴力在后者中的作用较小，但"它涉及新的压迫方式"，将"产生根本性的长期影响"。最后，采用非殖民主义理论不应以牺牲历史特殊性为代价。正如非殖民主义哲学家帕帕斯(Pappas)所指出的，这一概念框架最明显的局限性之一是"它倾向于将不同国家和人民的历史混为一谈，这些国家和人民的历史遭受不同种类的剥削和操纵，而这些剥削和操纵并不总是来自同一殖民者……"有一种危险是，殖民主义正在殖民所有其他类别的具体不公正分析(Pappas 2017)。例如，人类学家阿鲁姆特(Sareeta Amrute 2019)在其关于技术殖民主义的主题演讲中概述称，"过度依赖数据殖民主义问题掩盖了殖民关系的复杂混乱，这些关系跨越了技术基础设施以及伴随它们的人、地点和权力的想象"，包括"矿物的材料开采，以及前殖民地国家和仍被殖民的人口在跨越科技世界的权力关系中的特定位置"。总而言之，虽然非殖民化视角对于理解与数据相关的不公正现象作出了很大贡献，但关键是不应该将非殖民化视为一种新的范式或批判性思维模式(Mignolo，Walsh 2018)。相反，更应该将其视为一种方式、选择、立场、分析、项目、实践。这意味着没有一种单一的方法可以通过非殖民化的视角来看待数据正义。能够在全球范围内建立联系的更通用的框架，应与分析(和干预)具体情况下的不公正现象并存。

最后一个分析框架与多元知识、南方和边缘的概念相交叉。"来自南方研究倡议的大数据"(Big Data from the South Research Initiative, BigDataSur)于2017年启动，是一个思考数据化、监控和人工智能的去西方化空间，其将研究人员、活动家和从业者聚集在一起，批判性地研究数据、技术，构成多个南方国家之间的交流点。该计划的核心在于理解南方不仅是一个地理标志(Milan, Treré 2019)，而且是一个多元、多层次的反对、颠覆和创造力的地方(和代表)。结合这种对南方的理解，该计划的去西方化受到了"边缘"概念的影响。例如，在新冠肺炎疫情期间，这一想法被贯彻用来捕捉被忽视的南方国家的声音及其多样性(Masiero, Milan, Treré 2021；Milan, Treré, Masiero 2021)。受哥伦比亚公民媒体学者克莱门西亚·罗德里格斯(Clemencia Rodríguez)的启发，该计划将边缘视为"谈论权力不平等的复杂动态的捷径"(Rodríguez 2017)。数据化挑战以不可预测的方式展开，挑战了关于数据系统的意义和影响的传统理解。南方的多元概念和边缘视角代表了两个强大的棱镜，通过它们，可以动摇数据化的普遍特征并重新评估其概念。其多样性、多重性、开放性和意外性，以及情境性和语境特定性，使数据普世主义复杂化。通过这些视角，可以理解世界各地发生的各种与数据相关的不公正现象，并阐明社会中逐渐出现的被压迫、边缘化和新的"数据贫乏"群体的情况(Milan, Treré 2020)。哈佛大学伯克曼克莱因互联网与社会中心的法律学者钦马伊·阿伦(Chinmayi Arun)认为：

> 这种将南方定义为一个多元实体的包容性定义是值得坚持的，因为它解释了许多被排除在目前对人工智能的思考之外的人群的权利和优先事项。它迫使我们了解南方提出的担忧是多种多样的，并且有助于在各自的背景下思考南方的不同人群(Arun 2019)。

同样，来自数据与社会研究所(Data & Society Institute)的辛格和古兹曼(Singh，Guzmán 2021)认为，"全球南方"的概念同时指代四个要素：地理位置、探索一系列实践的方法、对资本主义和殖民主义造成的危害的隐喻，以及对这种危害的应对。

此外，这些想法使我们能够与数据相关的统治和动态建立联系，使全球北方充满活力，在那里，越来越多形式的数据不公正、不可见性和贫困正在上升。通过南方和边缘地区去西方化数据研究，引发了对世界边缘以及不平等、不公正的全球本质的反思，有助于将南方和北方的弱势群体联系起来，与最新的数据和数字技术关键方法建立富有成效的关系。其中包括通过交叉女权主义(intersectional feminism)(D'Ignazio，Klein 2020)、批判性种族理论(critical race theory)(Ali 2017；Amrute 2016；Benjamin 2019；Cave，Dihal 2021；Gangadharan，Niklas 2019)和环境数据正义(Vera et al. 2019)来看待数据——仅举几例。这些视角也与拉丁美洲社会运动反对榨取主义的本体论政治产生了共鸣，从斗争中产生了多元化。该术语已被用来描述由许多小世界组成的大世界，每个小世界都有自己的本体论和认识论基础(Escobar 2018)。哥伦比亚人类学家阿图罗·埃斯科瓦尔(Arturo Escobar)指出，这种斗争带来了不同可能的未来。从这些未来中，可能会出现解决当前全球危机所迫切需要的根本性社会变革。来自南方和边缘地区的大数据概念群对现代性赖以建立的欧洲认识论提出了质疑，因此提出非殖民化"以培养多元的替代知识"(Mumford 2021；Milan & Treré 2021)，"此举似乎不是数据殖民主义的核心目的"(Mumford 2021)。

第四节　结论：如何连接全球社会学与数据正义？

为了反对数据普遍主义，并使关于数据正义的争论复杂化，本章概述了数据研究去西方化的轮廓，重点关注学术文化、问题、案例和理论框架。如此一来，说明了数据化始终植根于当地采用、反对、挪用和功能失调的历史(Mignolo 2003)。本章还概述了问题、实践和那些他们的工作对于理解超越数据普遍主义的数据化和数据正义至关重要的研究者。越来越多的声音开始讨论、阐明和理解数据正义如何在构成我们世界的南方国家中展开，旨在消除西方的单一性和线性，挑战技术发展的主流叙事和意识形态。反映了殖民主义如何继续否定、取消、扭曲和拒绝知识、主观性、世界观和生活愿景(Mignolo，Walsh 2018)。与此同时，还批评了西方学术界对知识条件的垄断，这种知识条件决定了人们普遍接受的智力工作形式，并对关键数据研究产生了影响。在去西方化中，本章警示在对西方学术的批评中不要使用任何形式的本质主义(Khiabany 2003)。没有一个单一的、易于识别和稳定的知识框架或传统来定义全球北方或全球南方：文化是且一直是多次相遇和杂交的结果。因此，应该抵制可能导致东方主义和/或西方主义观点的二元对立，旨在揭示和维护思想多元化和理解差异。去西方化应该以混合的、动态的和开放的学术知识视野为指导，避免知识主权和知识狭隘的不民主概念(Waisbord, Mellado 2014)。

在本章结束时，有必要回顾一下国际社会学协会主席萨里·哈纳菲 56 (Sari Hanafi 2020)教授最近发表的一篇讨论全球社会学如何向前发展的文章。在这篇文章中，哈纳菲概述了五个关键研究，都与本书和本章中探讨的数据正义对话有关。第一，不同国家社会学之间的必要对话。他写道："全球社会学应该为任何广泛的非历史和非政治普遍化概念带来一些复杂性、细微差别、精确性和谨慎，因为这些普遍化概念会转移对世界历史结构异质性的注意力。他呼吁构建一个更合适的理论框架，以理解当今全球形势的微观和宏观混合特征。"(Hanafi 2020)这种对话对于关键数据研究和数据正义而言似乎特别紧迫。第二，与调和地方性和普遍性的需要有关。数据普遍主义旨在通过将数据相遇框定为不可避免和同质的过程，消除地方特殊性和本土知识，这种观念应该被超越。然而，为某些普遍概念进行斗争似乎也是必要的。哈纳菲提出应该以三个条件为指导：(1)该概念是准跨文化共识的轮廓，而不是欧美背景下价值观的普世化；(2)该概念不是一个目的论概念，而是以历史为基础，因此本质上是开放式的；(3)该概念的普遍性被认为是一种想象，而不是一种模型。根据这种观点，不应将数据正义视为一种模型，而应将其视为在给定上下文中转化为可行模型的想象，符合南茜·弗雷泽(Nancy Fraser)所说的"多元的、去二值化、流动的、不断变化的差异的领域"。第三，需要将国际和地方两级的知识生产联系起来。这意味着以英语发表——关键数据研究的通用语——是在全球层面进行对话的必要条件。然而，正如"来自边缘的 COVID-19"平台所证明的，应该辅之以多种当地语言的出版物，并得到加强。第四，需要在争取社会正义的斗争中伴随社会运动。这方面与(重新)建立更公正的社会所需的多元知识相关，这些知识源于世界各地的社会运动和各种形式的抵抗。这些全球知识可以激发对数据正义的新想象，超越边界、限制，超越新自由主义资本主义。第五，能够捕捉当下的恐惧和欲望。数据正义应始终关注具体社会政治发展的演变，并积极主动地与不公正现象作斗争。用人类学家阿克巴里(Azadeh Akbari 2020)的话来说，"如果不考虑全球南方国家人民的经验，就无法得出数据正义的集体框架。数据不公正在于不均衡矩阵，任何关于它的讨论都不能忽视不公正的网络拓扑结构或其交叉性质"。

第四章 数据危害

关于数据正义的辩论，一个关键因素是调查、记录数据危害并将其政治化。数据正义实验室自 2016 年以来，一直在记录数据危害。"记录"背后的理念是，通过关注人们如何受到数据化的不利影响，了解数据化带来的转变，以及这些转变的本质及其含义。换言之，认识到社会技术变革对人们权利、生活机会和社会福祉的影响，特别是在资本主义社会中。现在人们普遍认为，数据化带来了机遇和风险。风险话语是有问题的，意味着人们可能受到数据化的负面影响，并视危害为未来前景。数据危害的"记录"则从不同的立场，记录人类和社会更广泛地受到算法系统的负面影响。这一记录整理了发表在学术期刊、新闻文章和民间社会组织上的事例，确定比已经列出的例子范围更广(Redden，Brand，Terzieva 2020；Redden 2018b)。

"损害"在字典中的定义是与现在或未来的身体、物质性损伤相联系，也与损失和不利影响相关。索罗夫(Solove)和西特伦(Citron 2016)扩大了"损害"的概念，以涵盖人们所受到数据系统的负面影响。他们认为，须将损害理解为"危害"，或将个人、社区或社会利益置于不利地位的削弱与倒退。因此，从概念上讲，可以将数据危害(损害)阐释为个人、社区或社会因与数据相关的实践而变得更糟(Citron，Pasquale 2014)。

"数据危害"一词贯穿本章，但值得注意的是，在许多情况下，鉴于危害程度，记录中提及的事例更好地诠释了"数据暴力"或"算法暴政"(Hoffmann 2020；Onuoha 2018)。

本章借鉴数据危害记录中的事例，并对这些损害进行类型化，旨在证明数据危害的普遍性，以便达成一定共识后决定应如何应对与改变的方向。虽然分类法有助于分析，但未能关注人们生活经验的定性方面，这种分类也可能是模糊的解释。为了解决这一模糊性问题，本章加入了定性细节以及人物故事。理解和证明这些数据危害，对于加强政治动员和行动的迫切需要至关重要。

第一节　数据危害记录

数据危害记录是关于"非正义"的记录。在该份记录中，部分算法系统的商业使用导致剥削、歧视、数据泄露造成的隐私损失和人身伤害。此外，数据被用于政治竞选活动，目的是散播虚假信息，并操纵选民的意见和行为。在政府使用算法系统方面，记录中列举了错误拒绝服务的偏见，这些错误和偏见对人们的生活机会和资源获取产生了负面影响。数据危害正在个人、社区和社会层面发生。

当然，鉴于受到时间、资源和语言的限制，数据危害记录并不是对已经发生的所有危害的完整记录，而是截至 2020 年 7 月我们所发现的记录。目前正在调查全球范围内的数据危害，有例如迪维吉·乔希(Divij Joshi 2020)揭示了发生在印度的算法危害。数据正义实验室的前研究员伊拉·安贾利·安瓦尔(Ira Anjali Anwar)和卡罗琳娜·奥纳特·布尔戈斯(Carolina Onate Burgos)正在调查印度和拉丁美洲的数据危害。以下将对数据危害进行简要分类，旨在引起人们对数据的用途和应用范围的关注，特别是在商业、政治和治理领域。此外，民间社会组织、人道主义组织以及卫生和医学领域的应用也会造成危害。需要注意的是，分类法中使用的类别并不是完全独立的。

数据危害记录中详述的一系列损害事例强化了解决以下事实的必要性：问题不仅仅是有偏见的数据集或算法未按照预期工作的决策结果；相反，所确定的数据危害与社会中普遍存在的不平等和权力失衡相关。申言之，数据危害是根植于商业、政府、社会和政治进程中的结构性暴力的表现。记录中列举的事例是研究人员、社会组织者、律师、记者和政治活动家等投入时间和精力的调查结果，使得数据系统的问题凸显，并为所详述的损害寻求赔偿和防止损害再次发生提供途径。该记录反映出技术开发和实施的方式并非不可避免，应将技术视为规制的场所与对象(Eubanks 2011)。涉及背后相互竞争的价值观、政治和社会愿景，人类共同的未来是不确定的。

第二节 数据危害分类

一、剥削

62

帕姆·迪克森(Pam Dixon)最早在世界隐私论坛(World Privacy Forum)上提出对剥削的担忧，她认为数据经纪商收集高度个人化的数据并利用这些数据对人们进行分类和归类，以利用可感知的漏洞(Dixon 2013)。数据经纪商收集个人相关的信息，然后将其打包成可以出售给其他人的内容，例如编制可被公司用于定向广告的数据列表。通过使用数字工具和"智能"技术，人们在互联网上产生了海量数据，为前述价值数十亿美元的产业提供了动力。问题是，人们一般并不知道其使用社交网站等产生的数据正在被经纪商收集。迪克森在美国国会作证时，详细介绍了她在调查人们的哪些信息被收集、合并和出售时所发现的令人不安的做法(Dixon 2013)。她声称，数据经纪商出售强奸受害者名单、家庭暴力庇护所地址、遗传病患者和毒瘾患者的数据。2015年，美国联邦贸易委员会(Federal Trade Commission)指控一名数据经纪商非法出售申请发薪日贷款者的财务数据。

滥用行为数据的另一种表现是限制或减少获得信贷的机会。研究人员记录了一名男子的信用评级是如何被降低的，因信用卡公司认定在类似地点使用该卡的人有着不良的还款记录。信用卡公司根据在类似地方购物的其他人的行为来评估该男子的信贷风险，这被称为"关联信用度"，涉及使用行为数据对个人进行社会分类，并根据其他人的行为对其进行预测(Hurley，Adebayo 2016)。

二、歧视

研究者和记者发表了大量关于算法驱动系统导致歧视的文章。数据驱动的流程再现了非法"划红线"的歧视行为。历史上，曾以拒绝社区成员获得其他人可获得的保险或住房机会来对其产生歧视。"划红线"还包括使居住在特定社区的人支付更多的服务费用。差别准入和歧视性定价一般是基于种族和阶级的，地域则强化了这一歧视。在民主国家，"划红线"的做法是非法的。通过算法"划红线"的行为因算法过程的"黑箱"属性，而难以被识别和挑战(Pasquale 2015)。

研究者认为，"划红线"行为在 2007 年至 2008 年的次贷金融危机中产生影响(Rosenblat et al. 2014)。银行利用收集的个人数据，向非裔美国人和西班牙裔社区推广次级贷款。例如，美国司法部在指控富国银行(Wells Fargo Bank)将非裔美国人和西班牙裔借款人推向风险更大、成本更高的次级贷款后，与富国银行达成和解(Newman 2014)。由于次贷危机，黑人房屋所有权人受到法院拍卖房屋的影响。与收入相似的白人相比，华盛顿特区的黑人房屋所有权人失去房屋的概率是前者的两倍(Baptiste 2014)。次贷危机和针对非裔美国人的攻击导致美国黑人财富的崩溃(Potts 2012)。调查发现，数据经纪商仍在出售在经济上易受发薪日贷款影响的人的名单，表明以低收入社区为目标的掠夺式贷款仍存续(Office of Oversight and Investigations 2013)。出售的名单被称为"艰难的开始：年轻的单身父母"和"第二城市的少数族裔奋斗者"。马登(Madden et al. 2017)等人指出，低收入人群特别容易受到剥削和歧视性的定向做法的影响，因为他们更有可能依赖手机上网。纽曼(Newman 2014)认为，信息不对称加剧了不平等，因为公司有能力更多地了解人们并使用这些信息进行定向销售，而个人却没有能力了解他们的数据是如何被收集和利用的。

其次，"划红线"表现在以服务成本较高的社区为目标。朱丽娅·安格温、苏利亚·马图、杰夫·拉尔森(Julia Angwin, Surya Mattu, Jeff Larson 2015)以掠夺性定价为例，发现在亚裔人口多、收入高的地区，课外辅导费用更高。教育辅导机构表示，价格差异并非有意为之，而是一种"无意"歧视的算法产物。同样，2012年《华尔街日报》(Wall Street Journal)发现，史泰博(Staples)在其网站上根据人们所在的位置显示不同的价格。高收入社区的房价较低，而低收入社区的房价较高。安格温、拉尔森、基什内尔和马图(Angwin, Larson, Kirchner, Mattu 2017)的另一项调查发现，与事故和风险发生率相似的白人社区相比，汽车保险公司对居住在少数族裔社区的人收取更高的保险费率。成本很重要，尤其是当后者在最低工资或略高于最低工资的情况下挣扎，需要依靠车辆去上班。在没有公共交通或公共交通差的地方，如北美的许多农村社区和城市，拥有一辆车是上班的必要条件。位于曼哈顿的非营利新闻工作室ProPublica发现，由于汽车保险的高成本，人们放弃了其他必需品。调查还发现，歧视性的汽车保险定价甚至影响到富裕的少数族裔社区，类似背景下，富裕的少数族裔社区比白人郊区的司机支付的费用更高。

然而，自动化系统会强化歧视性做法。2015年，脸书公司暂停了美国原住民的账户，因为该公司使用的算法无法识别出他们的真实姓名。因此，那些被取消账户的人不得不花费大量时间出示身份证以证明身份并恢复账户。脸书公司还因允许广告商根据种族和性别进行定位和排除而受到批评。ProPublica的另一项调查发现，公司能够通过脸书网站购买广告，使他们能够根据性别、种族定位和排除用户。通过这一过程，房东能够瞄准不同的用户群体投放住房广告，并将西班牙裔或非洲裔美国用户排除在外(Angwin et al. 2016)。

此外，调查发现自动化招聘工具存在基于性别、种族和健康的歧视。2019年，亚马逊在发现其算法使得带有"女性"一词的申请以及所有女子学院毕业的申请排名较低后，停止使用该内部开发的招聘工具(Friedman, McCarthy 2020)。HireVue应用软件提供人工智能视频系统来帮助面试和评估候选人，该系统分析语音模式、语调、面部动作以及其他细节，以便对求职者提出建议(Whitaker et al. 2019)。但是HireVue系统会歧视那些面部运动和声音有异的残疾人(Jim Fruchterman, Joan Mellea 2018)。2019年有100多家雇主在使用该系统。梅雷迪思·惠特克(Meredith Whitaker)称该系统是"伪科学"和"歧视许可证"，虽然声称可以根据面部表情和声音的分析来确定哪个候选人最适合某个职位，但是那些被系统判断的人几乎没有能力质疑它。凯茜·奥尼尔(Cathy O'Neil 2016a)也对这些自动招聘系统可能包含心理健康和性格测试问题的方式提出担忧。此外，企业供应商试图减轻招聘系统中导致问题的偏见，这些问题包括忽视交叉性、缺乏问责制和未能遵守特定国家的法律义务。

乔伊·布奥兰姆维尼(Joy Buolamwini)指出，人脸识别技术在识别深色皮肤的人方面存在歧视。布奥兰姆维尼和蒂姆尼特·格布鲁(Buolamwini, Timnit Gebru 2018)在对人脸识别系统进行测试时发现，错误识别与肤色、性别有关，深色皮肤的女性是被错误分类最多的人群。美国公民自由联盟(American Civil Liberties Union)在国会议员身上测试了亚马逊图像识别系统，发现不匹配现象很常见，而且国会中有色人种被误认为潜在罪犯的可能性是白人同事的两倍。

这些技术的使用对有色人种尤其具有威胁性。正如美国公民自由联盟的雅各布·斯诺(Jacob Snow)所指出的：

> 无论准确与否，身份识别可能会让人们失去自由，甚至生命。有色人种已经遭受警察行为的伤害，亚马逊图像识别系统的使用无疑会加剧这种情况。例如，在美国旧金山，警察拦下了一辆车，

给一位年迈的黑人妇女戴上手铐，并用枪指着她强迫她跪下——这一切都是因为车牌自动识别器错误地将她的车识别为被盗车辆(Snow 2018)。

正如布奥兰姆维尼和格布鲁所言，一旦这些自动识别系统越是融入政府程序，问题就越大。因使用人脸识别技术造成的误认，已经导致了错误的逮捕和拘留。例如尼吉尔·帕克斯(Nijeer Parks)是因使用人脸识别系统而被错误指控犯罪的人之一，他在监狱里待了10天，并花了5 000美元的诉讼费，最后案件因缺乏证据而被驳回(Hill 2020)。鉴于来自民间社会的压力越来越大，一些公司和政府机构决定暂停或取消使用人脸识别系统。

上述事例印证了奥斯卡·甘迪(Oscar Gandy 1993)的观察，即在数据化社会中，"穷人，尤其是有色人种穷人，越来越多地被当作破碎的材料或受损的商品来对待"。大卫·里昂(David Lyon)将数据化描述为一种社会分类手段，是一个充满对人们价值假设的过程(Lyon 2002)。萨沙·科斯坦扎·乔克(Sasha Costanza Chock 2020)认为，我们需要关注规范、价值观和假设嵌入社会技术数据驱动系统的方式，以及这些系统的使用如何加剧伤害和不平等。总之，列举的这些数据系统造成的伤害，暴露了一种掠夺性逻辑，即通过了解人们的脆弱性并试图利用这些脆弱性来操纵行为以牟利。还表明，种族主义、性别歧视和阶级偏见正在助长有害的做法。数据化系统创造了有利或不利区别对待的制度(Crenshaw 1989；Hoffmann 2019)。少数族裔社区的人为汽车保险支付的费用更多，而白人社区的人支付的费用更少。人脸识别技术的错误率很高，但对于有色人种来说，出错的频率要高得多，这会导致更多的刑事定罪。为什么企业能够肆无忌惮地作出这些不合理的行为？为什么在未进行仔细的影响评估之前就使用这些系统？掠夺性的逻辑也是答案之一。如第一章所述，借助垄断地位，一些科技公司能够行使政治权力，试图限制监管和监督。

65

三、隐私侵害

每年数据泄露事件的惊人数量表明，随着企业和政府机构收集越来越多的数据，与数据安全保护职责的履行并不相匹配。麦坎德利斯和埃文斯(McCandles，Evans 2021)的在线可视化的 30 000 个事例中记录了世界上最大的数据泄露和黑客攻击。其中，脸书因黑客攻击导致来自 106 个国家 5 亿多用户的个人信息被泄露。益百利则泄露了超过 2.2 亿公民的个人数据。2019 年，政府机构、国防承包商和银行使用的施普玛公司的生物之星(Biostar)被发现没有采取保护和加密措施，使数百万个人记录易受黑客攻击，其中包括生物特征数据、用户名和密码(Taylor 2019)。2016 年瑞典政府敏感数据泄露事件，导致卧底特工易受攻击。2019 年英国政府数据库泄露事件暴露了超过 100 万人的个人信息，以及(印度)数字身份认证系统"阿达哈尔"泄露事件暴露了超过 10 亿人的个人信息。

正如索罗夫和西特伦(Citron，Solove 2018)所言，数据泄露在未来可能带来与身份盗窃、欺诈或声誉损害有关的风险。此外，人们因担心自己可能受到数据泄露带来的负面影响所产生的焦虑，也属于事实上发生的损害风险。那些收入低、资源有限的群体，因没有能力委托法律代表或聘请律师，将受到数据泄露更大的负面影响，身份盗窃导致的任何突然收入损失或错误都可能是灾难性的。莎拉·德拉诺夫(Sarah Dranoff 2014)认为，身份盗窃可能导致错误逮捕、无法获得基本服务以及收款机构的骚扰。

企业和政府部门数据泄露的严重性和普遍性引发这样一个问题：这些收集个人数据的组织是否值得信任。许多公司在数据安全方面的投资不足，监管机构也往往缺乏监督公司的安全实践和合规性的足够资源(McGeveran 2019)。脸书等公司不断泄露用户个人数据的行为，暴露了侵害隐私的风险。

四、监视、控制和人身损害

越来越多的公司使用数据系统来管理和监视员工的行为。雇主要求能够收集员工的健康和生物特征数据(Mateescu，Nguyen 2019)。有报道称，公司每隔 10 分钟就会通过网络摄像头拍摄员工的照片和截图，以得出"专注分数"(Solon 2017)。一些雇主鼓励女员工使用计划生育应用程序。戴安娜·迪勒(Diana Diller)的雇主每天付给她 1 美元，让她使用一款名为 Ovia 的孕期跟踪应用程序，该应用程序记录了她的身体、药物、婴儿的医疗数据、位置等细节。尽管该公司表示，其以集合形式使用这些数据，但专家们担心潜在的数据泄露风险，以及雇主和保险公司将如何使用这些个人数据(Harwell 2019)。健身应用已经出现了此类违规行为，包括用来实时跟踪人们、泄露敏感健康信息。比可穿戴技术走得更远的是，员工在皮肤下植入智能微芯片，以便跟踪行为。与可穿戴设备不同，这些芯片不能取下，雇主可以在一天中的任何时间访问员工的数据(Metz 2018)。埃丝特·卡普兰(Esther Kaplan 2015)调查了数据化工作场所监视的影响，详细说明这是如何导致人身损害的，员工们被持续监视和评估，超出其身心承受能力范畴。

五、操纵

过去几年，人们将大量的注意力集中在试图更好地了解数据工具是如何被用来操纵信息系统和选民的。算法驱动和自动化系统可能导致错误信息以及社会、政治进程的中断，因为选民作出决策所需的信息被破坏了。随着人们越来越依赖社交媒体获取信息，这个问题在各国变得更加紧迫。研究人员发现了一些机器人传播虚假信息、放大危险内容以及被用于骚扰或压制观点的例子(Woolley & Howard 2016)。

2018 年的剑桥分析公司丑闻让公众和政界关注到公司收集个人数据的方式，以便对人们进行分析并影响他们的行为。根据卡罗尔·卡德瓦拉德(Carole Cadwalladr)和克里斯托弗·怀利(Christopher Wylie)的报道，剑桥分析公司利用 8 000 万人的数据建立一个政治广告分析系统，以影响舆论和行为。这一问题缺乏问责制令人担忧。数据被用来针对特定的人口群体或社区，但因为这一过程是在脸书等社交平台上进行的，我们不知道什么类型的数据以及针对的是谁。例如，剑桥分析公司参与了英国脱欧公投和 2016 年美国大选的政治竞选活动。出于政治目的发布"黑暗广告",破坏确保民主进程公平所需的透明度和问责制。黑暗广告被用来试图操纵舆论、放大恐惧和压制投票。社会还担心社交媒体平台可能被外部势力操纵,破坏国内稳定。例如脸书承认在 2016 年美国大选选举期间,发布的 3 000 个广告是由与俄罗斯有关的团体购买的,这些广告关注的是分裂的社会问题。谷歌和推特也证实,俄罗斯运营商在其平台上购买了广告。

六、生活必需品被排除在外

世界各地的政府机构越来越多地利用算法系统来获得服务和福利,对人员进行风险评估,并为警务、法律和移民领域的决策提供信息,以及用于反欺诈侦查。政府的这种数据化转变正在导致很大的损害。

玛格丽特·胡(Margaret Hu 2015)的研究展示了自动化数据匹配系统是如何导致人们被错误地列入黑名单的,进而影响其工作机会、阻止其旅行,在某些情况下,还会导致错误拘留和驱逐出境。以电子验证系统(E-Verify System)为例,该系统能够使用统计算法并访问多个数据库,以验证身份或公民身份。雇主使用该系统来确定某人是否具有合法工作能力。该算法系统不可靠是因为其所依赖的数据不可靠。美国公民自由联盟的研究表明,出生在不同国家的人、多姓氏的人以及婚后改名的女性更容易被错误标记。由于姓名拼写错误而被标记的低薪人群,往往没有时间、法律专业知识或资源来处理纠正错误信息等程序(Rosenblat et al. 2014)。此外,胡还详细说明了错误是如何导致非法拘留和驱逐出境的。美国联邦调查局(FBI)、国土安全部(DHS)和执法机构使用的数据共享程序"优先执法计划"(Prioritized Enforcement Program),因算法错误,拘留了约 3 600 名美国公民(Hu 2015)。

胡认为,这两个数据系统通过推断来确定罪责。当政府当局认为算法系统是正确的,并在不需要进一步调查的情况下认定有罪时,人们的基本权利——即在被证明有罪之前都是无辜的——就被颠覆了(Alston 2019)。任何有算法检测系统经验的人都知道错误是常见的。因此,自动化检测系统必须被视为一种政治选择,一种嵌入了人的价值观念的选择——谁应该得到正当程序，谁不应该。

2019 年，经过多年的积极行动和政治动员，澳大利亚政府终于承认其自动债务追讨系统存在缺陷。2020 年 11 月，政府同意向提起集体诉讼的公民支付 12 亿澳元，近 40 万澳大利亚人获得赔偿。2016 年，负责管理社会保障金的澳大利亚社会服务部和联络中心(Department of Human Services and Centrelink)，改变了其识别人们是否被超额支付了社会福利的方式。新方式以每两周的收入来估算年收入。但这种方式对众多季节性工作、不稳定或兼职工作者、学生或健康状况不佳的人来说，是不公平的，因为他们收入波动很大。另外，新方式还采用了自动化计算系统。以前，当一个人被标记为超额支付福利时，人工会干涉并进行调查，以确保该标记是正确的。新方式取消了人工干涉步骤，当被系统标记为超额支付时，会自动收到债务通知。该系统一度从每年发出 2 万份债务通知变为每周发出 2 万份。收到债务通知的人被要求有责任证明该制度是错误的，这是一项重大挑战，因为收到债务通知的人很难找到有关其案件的更多信息。据报道，个人不得不花费数小时与联络中心的行政人员沟通。而这种错误是广泛存在的，高达受调查的债务通知中的四分之一。人们的生活被摧毁了。对于那些靠工资过活，或者与健康状况作斗争的人来说，收到债务通知会带来巨大的压力和焦虑。亚瑟·沃尔夫(Asher Wolf)组织了"不是我的债务"运动来对抗这一制度，称其为"机器人债务"并描述为实现"残酷计算政治的算法武器"，针对"失业者、残疾人、单亲父母、护理人员、临时工和零工经济工作者"并对其产生了负面影响(Wolf 2021)。

美国密歇根州也有类似案件，州政府在受到联邦政府的压力和诉讼后才停止使用综合数据自动化系统。与澳大利亚在线合规干预系统丑闻一样，媒体对州政府使用的密歇根综合数据自动化系统(MiDAS)进行了大量批评性报道、社区动员和政府审查，包括《时代》杂志的报道，发现对人们生活造成损害。这篇报道详细描述了林赛(Lindsay)和贾斯汀·佩里(Justin Perry)夫妇的生活是如何被错误的失业欺诈指控所摧毁的，

69

他们被错误地罚款 1 万美元，纳税申报单被扣押，车辆被收回，并被迫申请破产。几年后，该州承认是错误计算，并撤销了指控，但对这对夫妇的损害已经造成。由于破产，这对夫妇无法"为自己和三个孩子单独获得抵押贷款、租车或租公寓"(De La Garza 2020)。密歇根州有 40 000 人被错误地指控为欺诈，因为数据系统"容易出错"，加上政府监督太少(De La Garza 2020)。

在阿肯色州的小石城，政府改变了家庭护理时间的计算方式。过去是由家庭护理护士来评估每个人需要多少家庭护理时间。2016 年，公共服务部决定由算法系统来评估需求，并决定每个人将获得多少家庭护理时间。家庭护理护士可以管理必要的问卷并将数据输入算法系统，但他们无法质疑算法作出的分析决策(Lecher 2018)。新制度导致护理工作时间大幅缩短，人们的生活质量受到影响。例如，家庭护理时间的大幅减少意味着行动不便的人只能长时间躺在床上。阿肯色州法律援助组织(Legal Aid of Arkansas)的凯文·德·利班(Kevin De Liban)代表那些生活受到不利影响的客户开始研究该算法系统，他发现该系统不能准确识别脑瘫和糖尿病等疾病(De Liban Interview 2018)。法律质疑仍在继续，并取得了一些成功。但是公共服务部试图继续投资于制作更好的算法，而不是解决其实践中嵌入的价值观和假设问题。

70　　　隐私国际(Privacy International)组织对身份识别系统如何被用于阻止人们合法获得必要支持的方式表示担忧，包括食物、燃料、工作和教育。在印度，"阿达哈尔"身份数据库包含印度 80% 人口的生物特征数据(Dixon 2017)。然而，"阿达哈尔"数据系统错误甚至可能造成死亡，因为人们无法获得食物和其他生活必需品(Biswas 2018；Ratcliffe 2019)。这些错误可能是因为名称不匹配或指纹未注册。如今越来越多的政府服务通过使用该系统来实现。例如，2018 年英国广播公司(BBC)报道称，贾坎德邦村的许多人因其配给卡号未能与生物识别和身份证号码相关联，而无法获得应有的食物。一名妇女驱车 35 公里前往附近的一个城镇提交必要的表格，以行贿方式将其数据与配给卡连接起来，但发现该系统仍然不起作用。一个村庄的 350 名口粮领取者中,有 60 人因未能按时将他们的卡连接到系统而被中断供应粮食(Biswas 2018)。

弗吉尼亚·尤班克斯(Virginia Eubanks 2015)详细介绍了美国印第安纳州、佛罗里达州和得克萨斯州的社会福利服务自动化系统如何摧毁了数千人的生活,同时使纳税人损失数百万美元。自动化系统决策结果的错误使得人们无法获得医疗补助、食品券和福利,结果是家庭陷入危机,人们住院治疗。例如,2006 年印第安纳州家庭和服务管理局与 IBM 公司签署了一份合同,以实现其公共援助的自动化资格审批流程。3 年后,因为数千人被错误地拒绝援助,数据文件丢失,获得援助的时间耗费过长,最终这份价值 13 亿美元的合同被解除,印第安纳州法院判决给付赔偿金。

除了不公的结果之外,上述政府算法损害的事例也凸显了行政和官僚暴力(Graeber 2015;Spade 2011)。本书第二章"数据与治理"中对行政和官僚暴力的意识形态基础进行了探讨,但仍然需要强调的是,政府在数据与算法系统的使用中偏离了其本应服务于民的职能,以及自动化系统被用来排除和组织人民对服务的访问与获取。因此,正如澳大利亚的在线合规干预系统丑闻和美国密歇根综合数据自动化系统案件所展示的背后的逻辑是:尽管自动化系统易出错误,但仍然被使用多年,且在错误的自动化评估决策的基础上利用社会中生活不稳定群体来获利。

七、不公正

由于算法系统中嵌入的偏见,使用预测技术进行警务与量刑领域面临更大的挑战。ProPublica 的记者调查了一个被用于辅助决定量刑和保释的预测系统,该系统用来预测某人再次犯罪的可能性。通过检测调查分数的准确性,发现该系统在"预测刑事犯罪方面非常不可靠"(Angwin et al. 2016)。此外,该系统存在明显偏见:与白人被告相比,黑人被告更有可能被错误地标记为潜在罪犯。克里斯蒂安·卢姆和威廉·艾萨克(Kristian Lum, William Isaac 2016)也在预测性警务系统中发现了类似的偏见,由于这种预测系统依赖于历史数据,因此在实践中预测的是进行逮

71

捕的地点，而不一定是犯罪发生的地点。如果流浪罪和其他妨害性犯罪被纳入预测性警务模型中，那么贫困社区会因过去监管而导致更多的逮捕，并在此过程中造成不公正的反馈循环，从而形成偏见(O'Neil 2016b)。卢姆和艾萨克以吸毒为例，虽然人口层面的数据来源表明，毒品使用在各个社区的分布相当均匀，但与毒品有关的逮捕活动更有可能发生在黑人、土著和有色人种(BIPOC)和低收入人口密集的社区。预测性警务工具被用来针对黑人的比例是白人的两倍。与高收入家庭相比，低收入家庭成为警察监管目标的比例要高得多。

国际特赦组织(Amnesty International)针对伦敦大都会帮派矩阵(London Met Gang Matrix)的研究表明，这一风险管理工具存在歧视年轻黑人的现象，某些黑人年轻男性仅仅因其听的音乐类型而被贴上危险分子的标签。尽管伦敦警方的数据显示暴力犯罪的幕后黑手中仅有不到30%是黑人，但矩阵系统却列出78%的犯罪分子是黑人。国际特赦组织的负责人称："整个系统都是带着种族歧视的，因年轻的黑人男性听的音乐类型或社交媒体行为而污名化他们，这将在他们生活的各个领域都造成潜在的种族偏见。"(Dodd 2018)一旦名字出现在帮派矩阵系统中，并导致污名化，那么该公民从住房到教育等参与社会生活各方面都会被贴上这一红旗标签。被贴上标签也会影响家庭成员的待遇。例如，因某一家庭年轻成员被错误地贴上了帮派成员的标签，整个家庭都受到驱逐的威胁。事实上，这名年轻人当时正在剑桥大学正常学习。

第三节　结论：解决数据危害

数据危害记录向我们展示了数据化的负面影响，其危害是广泛而普遍的，是企业和政府数据处理行为的结果。该报告记录了数据不公正的现象，也是诊断现行数字社会生活的一种手段，其结果表明如果不采取积极行动，人类共同的未来将面临更大的挑战，不仅仅是缺乏公平、不平等关系和侵犯公民权利，包括健康权、自由、尊严和隐私权。具体已知的数据化危害包括：(1)以算法决策出的脆弱性群体为目标进行剥削；(2)以基于种族、性别、性取向和收入的歧视性社会分类，使其处于社会不利地位；(3)加强对劳动者的监视和控制，在某些情况下导致人身伤害；(4)威胁生计并可能导致焦虑和身份盗窃的数据泄露；(5)以选民为目标且以破坏民主进程和散播社会分裂的方式操纵信息；(6)使政府福利系统自动化，公民因错误标签而无法获得生活必需品，并导致歧视性的迫害。

72

当上述危害纷纷呈现出来时，数据化的残酷性是显而易见的，这些系统背后弥漫的掠夺性逻辑也是如此。无论是针对非洲裔美国人发放次级贷款，还是使用容易出错的债务合规系统，危害记录报告中看到了对人民生命的一再漠视。数据化被用来从社会贫穷群体那里获取利润。此外，可穿戴技术和工作场所监控的新用途，包括植入微芯片，结果是监控和人口管理导致员工伤害。数据系统的政治用途以令人担忧的信息战为典型例子。我们必须与这些危害案例中的冷酷无情作斗争。

从政治上来看，数据危害记录和本章列出的损害分类说明民主制度作为支撑是不够的。最常见的做法是利用法律和组织来应对数据危害并寻求补救(Hearn 2022；Richardson 2019)。然而，补救需要数年时间来实现，往往与此同时，生命也被摧毁。危害记录报告指出了多重性与交叉性的不平等水平，边缘化社区比其他群体受到的负面影响更大。显然，对社会各阶层公民的问责程度不同(Eubanks 2018；Lyon 2002)。随着数据化进程的展开，相关的权力结构是动态变化的，公民需要耗费大量时间与精力来揭示使其受负面影响的系统是如何运作的，因为获得必要的判断信息即使不是不可能，也是非常困难的。目前的民主机构没有能力监督和追究许多正在实施的数据系统的责任。

技术解决方案无法解决或预防危害记录和本章中所确定的各类危害(Gangadharan，Niklas 2019；Stark，Greene，Hoffmann 2021)。正如安娜·劳伦·霍夫曼(Anna Lauren Hoffmann 2018)所言，面对这种持续而广泛的危害，专注于技术解决方案就是进入一场"持续的技术打地鼠游戏"。我们可以改革法律以更好地保护人民，但法律保护往往侧重于个人行为者和补救措施，并且只有在损害已经发生之后才会适用(Hoffmann 2018)。解决数据危害需要解决根植于社会、政治和经济体系中的价值、文化暴力(Hoffmann 2020)问题。

第五章　数据与公民身份

　　如前文所述，收集、处理个人数据(包括行为数据)逐渐成为治理公民个人与社会的基础。数据分析将我们置于社会之中，影响着作为数据处理者的政府与作为被处理者的我们之间的关系，由此暗暗影响作为公民的我们。

　　公民身份作为一种概念和实践，是指我们正式地属于一个组织，并承受随之而来的权利、义务和规则，如在国家领土内及跨境移动的自由和限制。然而，公民身份也更广泛地被用来表明我们在公共事务中采取行动和干预的能力，因此公民身份是一种权力、代理和参与的概念。因此在这种更广泛的意义上，公民身份是关于公民如何被置于社会和政治环境中，并与之互动的。

　　因此，对公民身份问题的关注涉及数据正义视角中的系统性、社会性和政治性维度。数据正义考虑到越来越多的数据点对人们进行识别分析、归档分类和评级评分的做法所产生的国家—公民关系的重新配置，以及公民通过积极行动、公民参与和数据素养的发展来塑造这些关系的代理能力。此外，数据正义视角使得我们不再局限于对公民个别行为的关注，而是将这些行为置于数据化世界中公共权力和社会正义更广泛转变的视角中进行考虑。

本章探讨公民身份的概念，探讨数据化对其不同组成部分的影响方式，以及在数据正义的背景下，公民身份的概念和实践原则如何得以重新确认。本章将首先研究传统的公民身份理解，即将公民定义为一个国家的成员，以及新近的数字公民身份概念，该概念侧重于公民通过数字行为和数字工具的使用，作为积极参与社会的主体进行自我创造和自我主张。接下来，我们将调查这些公民身份形式在数据化环境中的转变，因为数据分析越来越决定我们作为公民如何被评估、享有什么权利和面临什么限制，以及我们参与和干预的手段。这对于民主核心实践和理解具有重要意义，因为数据驱动的国家—公民关系管理和公民参与治理国家的可及性是相冲突的。因此，在探讨数据化公民身份的民主效果之前，本章将探讨公民角色如何在数据化社会中得以增强，重点关注数据素养和新的民众参与模式，这些模式涉及对社会治理中数据分析使用决策的问题。

第一节 公民身份：法律地位与实践

通常认为，公民身份表示个人与国家之间的正式关系。公民身份代表着归属感和政治共同体的成员身份，通过护照等文件得到正式确认，并通常在出生时获得。公民身份与国家与个人关系的正式体现，确定个人的权利(如选举权)和义务(如纳税义务)，以及个人获取和分享国家集体资源的权利(Marshall 1950；Tilly 1997；Turner 2009)。历史上，罗马模式(自由主义)最为关注公民的法律地位，强调公民在国家范围内追求私人利益的自由，以及他们免受国家当局、其他权力和其他个人干扰的保护，而希腊模式(集体主义)则强调公民对公共事务和公共行政机构的参与，从而参与制定管理他们的规则、法律和决策(Walzer 1970)。这两种传统影响了现代对公民身份的理解，将国家的保护与公民在社区的政治、社会和经济进程中的参与(在不同程度上)融合在一起(Bellamy

75

80

2008)。然而，两种传统都关注国家作为确定公民权利和义务的核心机构。

这种狭窄的观念已受到质疑，因此得以扩展。批评者强调公民身份的排他性质，从而引出"女性公民"(Lister 1997)等概念，作为以差异为根基的公民的多元主义思想。公民身份又先后被"后民族主义"(Soysal 1994)、"跨国主义"(Bauböck 1994)和"世界主义"(Linklater 2002)等公民身份概念所质疑，这些观念考虑到全球化进程、非国家组织的崛起、跨国权力配置日益重要的角色，以及从国家到地方和区域社区，再到跨国散居群体的归属和隶属关系的变化(McNevin 2011)。此外，新自由主义的崛起和经济领域对政治的日益主导(Mouffe 2000)导致公民—消费者概念(Clarke et al. 2007)的出现，即公民政治上被动，并主要作为私有化商品和服务的消费者与社会互动(Turner 2017)。这些批评表明，组织归属的经典参照观点正在受到挑战，政治社区正在经历变革，并提出了新的包容性要求。

进一步超越归属的核心，近期的学术研究强调公民在社会中发展自己地位的行为，从而将公民身份的概念理解为一种实践，而非构想。将公民身份理解为"智能体的表达"(Lister 1997)引导我们关注人们如何构建自己的公民身份(Isin 2012)以及如何"行使公民权利"(Zivi 2012)。这始于公民作为积极的人物，而不是作为特权地位的国家的权利被授予方(Clarke et al. 2014)。"数字公民身份"的概念是这种实践性和参与性下的一个典型例子，因为它探究了人们如何通过"数字行为"生成自己的公民角色(Isin & Ruppert 2015)。数字抗议和在线运动、公民新闻、数字文化以及各种在线协作和网络制作都构成这样的数字行为，使数字主体能够与他们的社会和政治环境接触并为公共关注的问题发出他们的声音。推进我们对数字公民身份思考的学者们赞扬了数字基础设施和在线实践的参与潜力(Mossberger, Tolbert and McNeal 2007)，这些实践可以"民主化公民和政治参与并促进社会包容性"(Vivienne, McCosker & Johns 2016)，并将人们视为"个人生活的积极叙述者"(Couldry et al. 2014)。这

76

81

与人们在社交媒体上对年轻人"书写自己与社区的存在"的观察相呼应(boyd 2007)，以及以前有关参与老式的非数字媒体(如社区广播和视频活动主义)如何产生认可、自我实现和社区建设，从而构建积极公民身份的分析(Rodríguez 2001)。将数字公民身份理解为"自己动手的公民身份"(Ratto & Boler 2014)，它与公民赋权有着内在联系，暗示着国家与公民关系中的民主化趋势，并指向国家权力向公民的权力转移。

数字公民身份的概念在其规范目标、制度背景和行为特征方面与传统的以国家为中心的公民身份模型不同，并形成不同类型的社群。公民身份的传统参考点，诸如国家边界和正式组织，已被弱化，并被更广泛、通常更松散和更流动的隶属关系所补充。数字公民身份则表明公共领域被分裂成多个公众，并且传统的联结失去了凝聚力。相对于传统的公民身份，数字时代的公民身份是一种文化、社会、政治和地理归属的"综合体"(Isin & Ruppert 2015)，并在不断变化的社会结构环境中运作。数字社交环境催生了流动的组织形式，例如"网络个人主义"(Rainie & Wellman 2012)、"智能暴徒"(Rheingold 2002)和"联系行动"(Bennett & Segerberg 2014)，其中公共领域根据兴趣、品位、政治派别或地理社群划分为不同的迪恩(Dean 2001)所谓的"网络沙龙"，但不一定是国籍成员。公共和私人活动可能在帕帕查里西(Papacharissi 2010)所称的"私人公民身份"中交织在一起，因为在线社区中看似私人的行为可能具有公共政治影响，并且公民参与往往与娱乐和更广泛的(私人)动机共享。这种公民身份形式伴随着社会结构的转变，从群众和集体转向"各种原子化行为"(Papacharissi 2010)，这些行动是协作和互动的，但缺乏终身国家归属或其他传统组织的稳定性。

第二节　作为用户画像的公民

人们的个人数据和行为数据被广泛收集，这对于正式理解公民身份归属于国家以及通过数字公民身份实现授权的行为性观点都有重大影响。随着线上、线下生活被越来越多地监视和分析，新的公民身份类别和评估公民表现的新方法正在出现，这导致影响和理解公民身份的方式发生变革。

可以从以"社会地位"为中心的传统特征开始探讨公民身份——国家权力的边界。对国家权力的边界控制已经预见到基于数据分析活动产生的权力扩展，包括数字登记流程、生物数据的收集和利用广泛的数据来源，包括社交媒体资料和智能终端的流动追踪。正如梅特卡夫和丹席克(Metcalfe，Dencik 2019)所指出的那样，这种广泛的数据化"显著扩大了边界；不仅是管理物理外部边界，还有在社会内部和之间边界的扩散"。换句话说，"大数据带来的是'大边界'"(Ajana 2015)。这表明数据挖掘增强了公民身份传统形式的约束和限制，并加强了以"社会地位"为中心的公民身份的理解。在这个例子中，数字基础设施的应用并不考虑施为性、自我组织和赋权的公民行为，而是通过国家推进对人民流动的管理，从而扩大对人群的控制，而不是由人群控制。然而，边界这一例子也显示了传统公民身份类别如何与其他机制相辅相成，以不同的方式对待人们并允许或限制他们的权利和活动。在当代大规模移民的背景下，"数据被用于系统性地污名化、排斥和压迫'不受欢迎'的移民人口"(Metcalfe & Dencik 2019, n.p.)，其中难民尤其受到数据追踪和全面监控，而其他形式的跨境移动则得到不同对待。因此，"受欢迎"和"不受欢迎"的人口区别通过数据分析被巩固，并纳入对人们的广泛数据治理中，用于边境控制的数据被共享到其他国家职能数据库中，例如福利供给和刑事司法。因此，公民身份的实践和含义被重新组织，以不同的方式对人口进行分类，这些方式覆盖了根据国家地位的传统分离。

在普遍数据收集的背景下，这种国家身份甚至可能会(暂时)改变，正如泄密者爱德华·斯诺登所揭示的那样。决定美国国家安全局(NSA)监视合法性的关键因素是通信(或数据)是否由美国公民或外国人发送，法律允许对后者进行详细监控，但限制对前者进行监视。这意味着确定通讯的起源以及(通常是匿名的)发送者的国籍对于决定允许哪种程度的监视是至关重要的。根据斯诺登泄密事件，这个起源是通过分析不同的组成部分来确定的，包括所使用的基础设施(例如电话号码、IP 地址)、产生的数据和元数据(例如电子邮件所写的语言)以及发送者的常规通信方式(例如他们与美国内外人员互动的程度)。如果根据这些标准，通信的起源被认为是外国人，不是美国公民，则可以合法地监视该电子邮件、消息或电话。因此，国家公民身份变得由通信数据决定并依赖于它。根据其数据分析被归为外国公民的美国公民因此被视为外国公民。切尼·利波尔德(Cheney-Lippold 2016)称之为"算法主义"(jus algoritmi)，与经典的血统主义(jus sanguinis)和出生地主义(jus soli)形成鲜明对比。"算法主义"是"一种正式的、得到国家认可的公民身份赋予，根据美国国家安全局对数据的算法解释来分配政治权利"(Cheney-Lippold 2016)。因此，"它在功能上放弃了以国家身份为基础的公民身份，优先考虑基于数据的临时解释的公民身份"。这些解释有时与公民的正式国籍一致，有时则与其脱离。"算法主义"是一种我们通过数据分析被分配的身份，但不一定与我们的护照相符，也不一定是我们自己创建的身份。

　　除了这些传统公民身份特征的变更之外，数据的广泛使用已改变国家与公民之间的关系。随着政府和公共部门越来越多地识别、描述和分类个人，并依据分类提供不同的待遇和有针对性的干预，基于数据的"社会排序"(Gandy 1993；Lyon 2015)提高国家管理人口的机会。迄今为止，最全面、最广泛讨论的系统是中国社会信用评分系统，该系统将公民的金融信用价值评估与广泛的社会、消费行为相结合，评估人们的整体信誉，并相应地允许或拒绝提供服务。该系统对被认为是良好行为的行为(如社区参与和慈善捐赠)进行加分，对负面行为(如交通违规或在网上散布"谣言")进行扣分。得分高的公民将获得权益，如快速晋升、获得良好的学校和住房等，而得分低的公民则受到限制，例如无法进行某些特定形式的旅行(Hvistendahl 2017)。该评分系统将公民进行分类，并为不同得分段分配不同的服务和权益，以及惩罚措施。它结合了来自在线消费、服务使用、法律、金融和教育记录以及社交媒体活动的数据，基于政府与大型科技公司(如百度、阿里巴巴和腾讯)的公私合作开发相关数据库、提供用户数据并将系统纳入其服务的基础上实现(Lv，Luo 2018)。虽然在西方，社会信用评分被批评为"数字极权国家"(The Economist 2016)和"社会控制工具"(Chin，Wong 2016)，但它指向了在更广泛的国家公共部门中应用数据分析的新兴趋势(Fullerton 2018；Jefferson 2018)。

越来越多地采用数据分析、评分系统和人群分类，以提供服务、制定政策并通知安全措施，例如在教育、儿童福利和住房领域。在"民主"的西方应用的评分和预测风险评估实践已经引起了重大争议，包括预测警务、刑事司法、福利系统和儿童保护(Angwin et al. 2016；Eubanks 2018；Redden，Dencik，Warne 2020；Trottier 2015)。数据正义实验室的研究表明，预测分析的使用已经在广泛的公共服务和政府机构中变得常态化(Dencik，Hintz et al. 2018)。尽管这些应用在其实施、目的和影响方面存在差异，但它们证明了一种越来越流行的行为评估、需求评估和风险评估的实践，这是通过在"数据仓库"中组合大量数据集来实现的，旨在获取公民的"黄金视角"(Dencik，Redden et al. 2019)。分类、风险评估、社会分类和预测系统告知国家采取特定行动，从而评估公民的活动和状态(有关数据和治理的内容请参见第二章)。 79

虽然公民因此受到对其行为和生活进行精细评估的影响，但他们通常不知道自己被评分、分类或分割的方式、时间、地点、评分者以及评分目的。在英国分析的所有数据评分系统中，没有一种方法可以让人们知道他们的得分，更不用说如何生成得分了(Dencik，Hintz et al. 2018)。这符合数据过程的"黑箱"特征，这一点是对数据化系统的关键批评之一(Pasquale 2015)。这意味着根据公民不知道的标准进行评估，其结果对他们来说仍然不清楚，因此没有一种方法来询问数据使用的目的和实践，也没有反对、挑战或抵制的手段。公民被定位为数据基础行政措施的接收者，但不是决定其生活的参与者或共同创造者。

用于评分系统和其他形式的数据分析的信息越来越多地结合了来自金融和商业交易、警察和刑事司法数据源、社交和文化生活、个人网络等各种数据。消费者分析已经将更广泛的生活数据纳入金融决策过程中，例如，对人们的手机使用或社交媒体朋友的信用评级进行分析(Dixon & Gellman 2014)。平台经济已经根据各种社交、文化、健康和其他数据预测消费模式(McCann，Hall & Warin 2018)。数据经纪商根据商业和非商业数据源为每个公民或家庭收集数千个属性(Christl 2017)。同样，政府使用数据分析所利用的数据是从为商业目的收集并由数据经纪商和金融信用机构提供的数据中得到的。像益百利这样的公司为公共部门提供分类服务，根据来自这个更广泛的数据源的信息评估公民。因此，虽然消费者评分的做法已经迁移到了公民身份领域(McQuillan 2019)，但用于评估我们过去和未来行动的实际数据也纳入了消费者数据。"公民—消费者"的崛起(见上文)因此得以实现、得到支持，并在一定程度上在公民身份和公民权利的既有范畴之外建构。

数据来源虽广泛，但并不代表对公民的广泛识别分析与评估一定准确。数据系统将人类的复杂性简单化了。数据系统无法考虑到人类动机、经历和身份的完整多样性(Costanza-Chock 2018)。生活是混乱、矛盾的，且常常不可预测，包含数据痕迹、分级分类的数字公民身份也是如此。这些评分可能是由我们为他人在线购物或出于监控意识而采取的战术行为形成的。基于这些行为产生的数据将始终脱离行为背景，并在许多情况下不准确。数据分析因此可以构建不存在的模式(boyd & Crawford 2012)。虽然数字痕迹越来越多地"被用来代表我们并为我们讲述故事"(Barassi 2020a)，"构建关于我们是谁的故事"，但这些叙述很可能具有误导性，至多只是简化过的内容。因此，不仅是像上面提到的"算法主义"，还有常规采用基于数据的社会分类，在一定程度上都是基于我们可能不认可或认同的分类或"故事"。正如巴拉西(Barassi 2020a)所指出，这对于出生在数字化时代的儿童影响颇深，因为他们的身份和成长为未来公民的故事甚至在出生之前就已经建立在有关他们家庭、生活条件等的数据基础上，并且他们将被大量无法控制的数据来评估他们作为公民的角色，这些数据可能会有误，阻碍他们作为公民的发展。然而，尽管这些对于将要成为公民的人的影响后果特别明显，但它们表明了在数据的自我控制受限且脱离上下文的数据来源普遍存在的情况下，公民面临着普遍挑战。我们被构造为数据主体(Cheney-Lippold 2017)，但基于的标准并不一定与生活经验相对应，因此可能严重改变我们与国家以及我们作为公民参与的机构之间的关系。正如库尔德里和海普(Couldry，Hepp 2017)所指出的，"无论是否具备民主基础以及其民主意图如何，当政府的行为逐渐依赖于自动化系统的分类时，就会面临公民经验与其作出经验判断的数据轨迹之间的错位"。

　　数据化的公民分类，或又称为"公民评分"(Dencik，Redden et al. 2019，n.p.)，重新定义了公民身份的轮廓，"塑造了应得与不应得、风险和弱势群体，并最终决定了获得和参与社会的条件"。因此，它改变了作为与国家相关的公民身份的传统特征，并提供了一种特别鲜明的对比，即与数字公民身份的理念形成鲜明的对比。尽管数据化是从我们日常生活的数字环境中出现的，并建立在"数字行为"之上，但它将我们的注意力从数字公民身份的施为性和赋权维度转向了通过数据分析管理人口。先前被认为具有民主化效果的在线工具的有效使用，现在使公民完全裸露于那些有能力收集和分析数据的机构面前。同时，这些机构对基于数据的治理实践和范围仍保持沉默，数字公民的回应不是赋权，而是"数字辞职"(Draper & Turow 2019)。公民知道自己正在通过数据被监控和评估，但却对具体过程知之甚少，不知道这是如何完成的，由谁完成，会产生什么样的后果，也不知道如何反对和抵制。由此可见，数据化的公民不是通过自己的行动形成的，而是通过数据经纪商和国家机构的分析构成，数字时代下的公民行动能力受到重大限制。

　　数据化时代的新型权力关系在于那些提供个人和行为数据的人(即　　81

数字公民)以及那些拥有、交易和控制这些数据的人(即数据企业和国家)之间的关系。国家作为传统公民身份的提供者，在数据分析提供了极大的可能性来理解、预测和控制公民活动，并基于数据痕迹分配人们的社会地位的情况下，权力进一步扩大。分散和个人化的社会结构给国家全面监管公民造成挑战，然而监控和识别分析公民的"原子化行为"(见上文)为国家解决分裂的现实并创造一个新的可治理的集体提供了可能。因此，数据化公民成为被监控、管理和监督的公民(Hintz，Dencik & Wahl-Jorgensen 2019)。

第三节　数据化公民身份与民主

上述技术发展对民主构成严峻挑战，因为它们影响了公民在民主社会中作为主权者的身份和能力。如果政府治理的算法系统改变了可见和可计算的主体与客体(Amoore 2020)，那么公民评分等分类系统的规则化意味着公民变得越来越透明，并且受支配于他们不了解的技术。算法和自动化系统不仅仅评估公民活动，还可以引诱甚至推动公民采取某些行为，因此可为政府提供重要的控制手段(Cardullo & Kitchin 2019)。正如社会信用评分的例子所示，政府可以激励公民参与被视为可取的行为。对自己的评分以及提高评分所带来的好处的关注可能会导致公民不发表对政府政策的公开批评，坚持主流新闻来源，或从其社交网络中清除具有争议性的关注者(Ma 2022)。但即使没有全面的评分系统，关于人们的健康、娱乐和财务等选择，也会受到行为的普遍追踪以及这些行为可能对社会服务、保险或就业机会的可得性产生不利影响的影响。因此，公民(或多或少地)在规定的方式下被引导和约束，朝着可接受的活动和参与途径前进(Fourcade & Gordon 2020)。

正如像罗布·基钦(Rob Kitchin)在对"智慧城市"的辩论进行批判性审查时所强调的那样，这些途径主要是消费者的途径。卡杜罗和基钦

(Cardullo，Kitchin 2019)认为，智慧城市的居民和更广泛的数字公民通常可以在提供者市场，从不同的服务选项中进行选择、测试新的服务、提供反馈，甚至提出建议。然而，这与赋权公民作为提议者、共同创造者或决策者，从而为指导国家作出贡献的更全面的民主场景相去甚远。这意味着公民参与的象征性形式，因为公民扮演"主要是被动角色，公司和城市行政当局则扮演公民家长的形式(决定对公民最好的事情)和管家的形式(代表公民提供服务)"(Cardullo & Kitchin 2019)。他们将这种公民身份的理解定位在新自由主义的治理理性中，该理性将公民的发声和参与限制在市场价值的选择上，因此与本章已经介绍的"公民—消费者"概念联系起来。"用户"的主导概念适合这种还原主义模型，因为公民代理权和自治权集中于提供的解决方案的应用上。所有这些都限制了民主参与的空间，缩小了公民在治理社会中的作用，并改变了公民身份在民主社会中的构成方式。如果公民主要通过负责任地行事并沿着政府和商业部门所期望的道路前进来获得权利，那么这就涉及一个重大转变，从传统上与公民身份相关联的公民、社会和政治权利的焦点转向公民身份的市场价值(Graham et al. 2019)。

82

　　这些权利将公民与国家和其他公民联系起来，因此表达了公民身份和民主的集体性质。公民不可避免地通过成为公民与其他人和国家联系在一起；他们是集体的一部分，并理想地积极参与其中。然而，算法系统被用于推进个性化和个体化解决方案。在社交媒体平台上，它们将广告和新闻量身定制为与我们的特定兴趣相关；在购物和消费平台上，它们根据我们的用户资料提供推荐和计算价格；作为公民评分，它们根据我们的特定(计算出的)需求和特征分配公共服务和国家干预。将公共服务重构为个性化交易在这方面特别重要，因为它展示了从基于共同经验和共同基础的广义"公众"到个性化和自动化个体与当局之间的关系的转变。公民被视为个体，他们的问题和挑战被视为特定于他们并由此引发他们的个体行为和选择，因此，补救措施和政府回应是针对个人的(而不是例如社会、政治和经济挑战等社会面临的更广泛挑战)。数据驱动的个性化导致个体化，而不是集体公民身份；它忽视了我们作为公民的角色和偏好是在与他人的互动中发展的；它巩固了对个人责任和个人过失的关注，而不是面向社会挑战的集体方法(Andrejevic 2020)。

这一趋势的基础是数据分析的聚焦点在于识别和测量"风险"。风险管理已经成为公共管理的新"范式"(Yeung 2017)，并已成为在数据化背景下观察和评估公民活动的主导视角。然而，这样的风险通常是在个体而非社会层面上被识别，而风险的后果同样是个人化的。当数据分析被用于评分、评估和分类个人和家庭所产生的风险，例如儿童安全或火灾风险时，这些系统的解释焦点就偏离了结构性原因，如不平等、贫困或种族主义问题。当社会问题的责任负担转移到个人身上时，公民就成为社会挑战的起因和解决方案。

83　　　算法数据处理的预测能力是风险管理的核心。评分和其他形式的数据分析使用有关过去事件的信息来预测未来行为，这使得公民得以有效地管理、识别以及应对风险。例如，预测性执法试图分析过去犯罪和警方干预的记录，以预测和预防未来的违法行为，而公民评分(以及商业和金融评分)则基于过去的行为计算未来的行为。这种做法已经导致多次歧视和误认的经历，但在这里特别值得讨论的是，它创造了一个静态的社会形象。它假定过去发生的事情将再次发生。它暗示着通过预测性分析评估的数据化公民不会通过社会互动和不断变化的生活环境而改变和发展，更重要的是，他们没有塑造和影响他们社会环境的能力。预测性的治理形式几乎没有给变革和公民参与留下空间，因此它们本质上是不民主的。民主制度——至少在它们的理想类型中——是动态的，由不断变化的政治形态治理，并受公民不断变化的偏好指导。它们受到规范、文化、社会实践和经济环境的持续发展以及公民、社区和各种社会领域的政治斗争的影响。将治理转化为基于预测和预防的社会管理系统与民主的这种基本品质相矛盾，因此塑造了不同形式的数据化社会，就像它塑造了数据化公民身份一样。

此外，预测性分析还允许以本节开头概述的方式塑造公民。这是一种积极主动的治理形式，需要预防性措施来管理公民并引导其沿着预测的路径前进。通过推动、激励或更强制性的干预，如果预测结果被认为是不良的，公民生活的进程将被改变(或中断)。在民主制度中，主权应该引导和监督政府的进程，但在预测性治理下，其行动被预测，最终被控制。

由于数据化和自动化给民主制度带来的挑战，马克·安德列耶维奇(Mark Andrejevic)等学者呼吁重新民主化我们日益数据化的社会。他运用"数据公民"(data civics)概念，强调数据基础设施在民主社会中扮演的问题角色，并将数据化视为一种需要更广泛政治回应的政治现象(Andrejevic 2020)。从类似的角度出发，将当前数据化带来的挑战与旧有的非数字化斗争联系起来，比如争取城市权利(Currie, Knox & McGregor 2022)。作为要求对城市化资源、特征和接入的民主控制的构成要素，城市权利是一种公民身份的根本概念，呼吁集体设计城市生活。作为日常生活的基本基础设施，数据化和自动化不接受民主参与和干预，因此引发类似的问题，而"数据公民"等方法则呼吁采取类似的策略。

数据正义方法对于应对数据化带来的挑战具有共鸣，其中最重要的是它拒绝将"大数据"置于讨论和解决当代社会问题的层次而对其神话化，并对解决数据伤害(如"数据伦理")的数据导向解决方案进行批判性审视，而是探究数据化的社会、政治和经济背景。数据正义的一个核心关注点是政治和经济部门中权力的体现和集中，它塑造了数据基础设施及其使用方式。因此，有关数据基础设施的问题需要从政治、经济和社会层面进行解决，以直接应对政治问题(Andrejevic 2020)。对于数据化的民主挑战而言，这意味着不仅需要在数字领域和通过数字手段建立参与机制，还需要在政治决策制定的民主化方面进行努力。如果数据化削弱公民的代理能力，从而削弱核心的民主原则，那么我们需要探究的不仅是数据系统，还包括推动其实施的利益和力量。

84

第四节　积极的公民身份、素养与参与

那么，如何重新实现民主化？如何增强并重新确认公民在数据化社会中的主体性？虽然任何对这些问题的回答都必须考虑数据化的政治经济背景(见第一章)，但数字公民身份的经验提供了一个有趣的角度，可用于解决数据化公民身份的削弱问题。建立在作为数字公民身份建构的主要组成部分的在线行动主义和其他形式的数字公民参与的基础上，"数据行动主义"将数字社会和政治参与应用于数据化时代。通过探索替代形式的数据收集、分析和可视化来推进公民倡议和社会运动的目标，并利用数据来实现赋权和政治变革，数据行动主义旨在"将公民代理权重新引入分析大数据如何影响当代社会的过程中"(Milan 2017)。通过回顾和更新数字公民身份的实践，数据行动主义重新强调在数据化社会中处于风险的公民主体性权利(见第七章)。作为数据行动主义更广泛领域的一部分，数据化主体通过技术自卫的实践行动，挑战且协商了数据收集和分析的重要性。为积极公民提供安全数字基础设施的工具和方法已经广泛应用，包括加密聊天和电子邮件、匿名上网以及各种隐私指南和安全插件，还包括在"加密派对"上的公开辩论和培训，以及"众多数字权利和互联网自由倡议"，它们抓住机会为活动家(和普通公民)提出通过加密加强的新通信方法(Aouragh，Gürses & Rocha 2015)。

这些方法对应着对"数据素养"的日益关注，以补充早期形式的媒体和数字素养，并将其纳入(数字)公民身份的辩论中。数据素养旨在"明确在数据化世界中具备主动性所需的技能集合"(Pangrazio & Sefton-Green 2020)，并增强"通过和关于数据在社会中建设性地参与的愿望和能力"(Bhargava et al. 2015)。正如早期数字公民身份的定义强调公民在协商方法和应用数字工具方面的能力一样，数据素养起源于对发展技能的需求，与更批判的方法存在紧张关系，该方法探讨数据基础设

85

施的潜在政治经济学、意识形态和权力关系。它的重点往往放在"技术
素养……上，仍然忽视解决不平等深层结构问题的需要"(Fotopoulou
2020)。然而，后者越来越被认为是必要的，以考虑数字基础设施的"复
杂和不透明"性质(Pangrazio 2016)，并"开展关于在线生态系统的批判
思考，使人们能够成为积极公民"(Carmi et al. 2020)。在提出"关键大数
据素养"(critical big data literacy)的概念时，桑达(Sander 2020)强调公民需
要"理解和批判性地反思其个人数据的普遍收集以及这些大数据实践可
能带来的风险和影响"，这需要理解和公民驱动的对数据收集、分析和
自动化的系统和结构层面进行审查。这种观点展示了一种数据正义方
法，强调对数据肇始的不平等社会、政治和经济基础的批判理解，意识
到权力结构和偏见，并授权实际干预数据化社会的运作。强调优先考虑
积极公民参与的数据素养方法，卡尔米等人(Carmi et al. 2020)在呼吁提
高公民能力时使用了"数据公民身份"的概念，以"理解并能够挑战、
反对和抗议在数据化社会中表现出来的当代权力不对称"。

　　尽管对数据化基础设施和过程的批判性理解以及应对策略是关键的
前提条件，但在数据化社会中，积极的公民形式需要实际干预，在基于
数据的治理的制度和机构层面上进行有意义的参与。如果数据化影响公
民身份的核心支柱，改变国家与公民之间的关系，并影响公民在民主政
治中的角色，那么重新确立公民在指导、监督和决定数据化方面的作用
就尤为重要。数据化治理系统的民主化正在受到考验，因此在国家广泛
实施数据化的背景下，民主本身也处于危机之中。既有关于数字公民身
份核心辩论的数据素养，也有关于在线参与形式，可能都不足以应对这
种系统性的挑战。然而，民主创新的学术研究提供了有益的洞见，这些
创新措施可以在传统选举程序之外，推进公民发声和基于公民的决策制
定(Goodin 2008；Patriquin 2020；Smith 2009)。参与性模式，如公民陪审
团、公民议会和公共对话，已成为应对当代社会关键挑战的突出方法。
虽然它们在具体实施上有所不同(即规模、目标、政策重点等方面)，但
这些举措都将一小部分人聚集起来，就重要的社会问题进行讨论

86

93

(Escobar & Elstub 2017)。这形成一种被一些人称为"协商式热潮"的趋势(OECD 2020)，这些做法已经越来越受到欢迎。

这些方法越来越被应用于数据和人工智能问题。在英国，最近的包括公民峰会，讨论在健康和护理部门使用数据的问题；公民陪审团审查人工智能在刑事司法、招聘和医疗保健领域的应用；以及公民生物特征技术委员会讨论面部识别技术的使用，都只是其中的一些例子。其中几个倡议由主要监管和咨询机构委托，如皇家学会(Royal Society)和信息专员办公室(Information Commissioners Office，UK)，并与政策制定密切相关。作为"使民主协商和参与过程得以实现的制度安排"(Andrejevic 2020)，它们与早先讨论的"数据公民"呼吁相呼应。

这些倡议并不会自动增加公民代理和参与度，因为政府为合法化政策(在这种情况下是在公共部门中推出预测性分析)而感知到的需求，可能会限制其对决策产生实质性影响的能力，导致所谓的"参与洗白"。因此，民间社会的压力在于促进适当的参与式决策，并推动"公民审计"以应对在政府中推广基于数据的决策仍然缺乏透明度、问责制和民主合法性的问题(Reilly 2020)。这些方法共同促成数据化的民主化新趋势。

第五节　结论：在参与与控制之间的数据化公民

本章探讨了数据化对国家和人民之间的关系，以及因此对公民身份的概念和实践产生的重要影响。通过增加国家获得关于公民的详细知识、预测其未来行为和实现更精细的公共服务管理的工具，数据化导致国家—公民关系中的权力转移，以增强政府管理公民的能力。这可能表现为更严格的边境管理、人口分割以及通过数据评分对个人进行评估，或者通过分配新的公民身份类别来实现。数字公民身份的概念成为理解人们在数字化环境中作为政治主体地位的重要手段，侧重于公民通过数字行为的自我实现，因此正面临挑战。数字公民不是公民本人为自己创建的社会角色，而是被迫持续被监视和分析，根据收集到的数据集成到新的公民身份模式中，他们的公民身份由新(数据经济)和传统(国家)机构通过数据分析构成。

这意味着公民身份的提供、制定和保障方式正在发生变化。即使在传统的身份认同中，权利和义务框架也与公民所处的新类别相交织，影响着他们的机会和生活机会。此外，数据化限制了公民的主体性，因为它的实践和后果往往对人们来说是未知的，人们很少能够询问和质疑他们的数据使用。算法治理形式强调个人，以牺牲公民在集体领域中的角色为代价，支持"消费者—公民"的配置，他们可以从不同的服务选项中选择，但他们在共同创造社会中的作用被严重削弱。所有这些都给民主进程带来重大的挑战，因为它意味着应该引导政府航向的主权被削弱和限制了。

然而，正如我们所看到的，人们正在逐渐理解这种民主赤字，随之而来的是新形式的公民参与。研讨会、民间社会倡议、数据素养和数据行动主义开启了数据化公民身份的进一步维度，在这个维度上，人们介入对他们进行评估和分类的系统，并发展新的民主实践以确保参与和问责。在数据化的背景下，公民身份可能跨越和结合积极与自主，以及被监视和受控的主体的矛盾维度。这指出需要考虑经典政治实践，无论是在其表现形式还是在公民身份作为政治主体的重申方面。如果我们想要了解公民身份的特征以及可能推进参与式决策制定的民主创新模型，就需要我们"下线"。因此，关于公民身份的辩论从而将数据化放置在国家—公民关系的权力动态中，突出政治参与的问题，并为数据正义的观点提供重要的基础。

87

第六章　数据与政策

数据化在当代生活的经济、政治和社会维度中日益重要，含义不明及其潜在危害引发限制数据收集和使用的问题，并使得人们开始反思有关数据化的法律和监管框架。有哪些规则是规制有关个人或组织的数据收集、处理和使用行为？这些规则是基于谁的利益以及什么样的规范和思想制定的？这些规范是否实际有效地保护了数据化的公民免受数据危害？此外，数据正义政策框架的必要组成部分是什么？

数据政策伴生于社会的数据化。然而技术创新的车轮极速向前，合适的监管框架远远滞后。生效已久的法律和政策被重新解释，监管真空被互联网公司的自我治理填补，而新法律的目标和后果往往相互矛盾。虽然近期颁布的法律推动了互联网公司的数据收集行为和国家的数据使用行为，但亦有政策支持保护用户并加强用户控制影响他们的数据。目前，大多数国家和地区仍没有一致的法律和监管框架。我们可以观察到一种向增强和保护公民在数据生态中更积极作用的新生趋势，但同时也有平台企业和政府继续扩大数据收集的范围，以及围绕人工智能和物联网的快速发展和同样矛盾的产业政策的持续扩展。

从数据正义的角度出发，法律和监管制度解决数据危害与保护，并赋权数据化公民身份的方式尤为重要。然而，这种特定的观点吸引着我们进一步探索数据法律的背景、基础和含义。数据政策如何与其他领域的法律互动以影响社会公正？哪些思想、意识形态和社会结构正支撑着当前的监管框架，这对用户、公民和组织的影响是什么？数据政策是如何制定的，哪些社会参与者能够影响它们，因此数据政策反映了谁的利益？因此，本章将从数据正义的视角出发，尤其是从数据政策如何影响社会公正的角度出发，探讨数据法律的含义、背景和影响。虽然数据政策通常主要围绕隐私和监视展开，但数据政策其实具有更广泛的含义，即探讨人们如何通过数据在社会中被对待和定位，这方面发生了什么系统性的变化，监管框架又如何影响这些变化。

　　本章为上述争议与辩论提供一个切入点。首先，审视当前监管框架，这些框架塑造、限制和推动国家、互联网平台、公民和受影响组织对个人的数据控制。为此，本章特别关注数据监管和数据保护法方面的趋势，这些趋势影响着数据主体对其数据化事项的控制。然而，本章也质疑主要法律结构和框架中保护个人信息主体的方法。如果数据是一种社会关系，而这种关系驱动着数据化的社会价值以及潜在的危害，那么强调对数据主体的保护可能会严重限制当代数据挑战。因此，本章指出需要以社会为本位来制定数据政策，以及以公共、集体和民主形式来治理数据生产。最后，数据政策的制度性视角关注数据化的权力背景，并引导我们考虑影响数据化规则的社会活动家、利益和规范。因此，政策被视为竞争利益、规范和话语之间的斗争，本章将剖析其中一些内容，以探索当前数据政策正在制定的相关权力背景。虽然这些多重维度都需要更全面的调查来充分探索其根源和影响，但本章概述并连接了这些辩论，为数据正义视角下的数据政策制定构建框架模块。

　　由于法律和监管框架因国家和地区而异，因此在讨论数据政策时不可避免地需要作出关于国家和地区层面的选择。因此，本章提到的案例主要考虑数据正义实验室所在的国家与地域——英国以及其更大的邻居欧盟。但是，这些讨论将在更广泛的政策发展中加以考虑，并表达在其他情况下可以观察到的更广泛趋势。

91

第一节　数据规范生态

数据收集和分析监管框架的关键内容包括数据保护法以及允许或限制政府和互联网企业进行数据收集和分享的规则。然而，法律具有滞后性，因此对技术的规制、治理长期以来一直依赖于对旧规则的解释。例如，在英国，1998 年通过的《数据保护法案》(Data Protection Act of 1998)在物联网和算法治理的崛起之前就已存在，但它直到 2018 年修订后仍是数据收集、访问和共享规则的基石。1984 年的英国《电信法案》(Telecommunications Act 1984)授予国务大臣在通信网络中享有侦听权，并且 1994 年的《情报机构服务法案》(Intelligence Services Act of 1994)为英国政府通信总部(Government Communications Headquarters, GCHQ)的监视活动提供了法律依据，这些法案都颁布于互联网和社交媒体的广泛使用之前。还有一些法律已经得到更新，例如 2000 年的英国《调查权力规范法》(RIPA)被 2014 年的《数据保留和调查权力法》(DRIPA)修改，但往往是为了扩大国家对用户数据的访问权限。该法允许国务大臣不仅有权拦截、侦听特定个人的通信，还可以大量拦截、侦听范围广泛且内容模糊的电信内容。《数据保护法案》也包括为保护"国家安全"和预防或侦查犯罪而设立的重大豁免(Hintz & Brown 2017)。

92　　作为对大规模丑闻的回应，例如 2013 年爱德华·斯诺登泄密事件，并由不同利益相关者施加的压力，许多国家已经对这样的立法进行了审查和改革。例如，2016 年英国《调查权力法案》(Investigatory Powers Act of 2016)构成了一个新的全面的框架，用于国家数据收集，更新了之前的立法，尽管它确认、合法化和扩大了安全机构现有的惯例。2017 年英国《数字经济法案》(Digital Economy Act, 2017, UK)增加了一些规定，例如政府部门之间的数据分享，并要求在线平台进行进一步的数据收集和存储。与 2018 年的《数据保护法案》一起，这些法案成为政府试图赶上数据基础设施快速发展的例子。

国家的规则、机构和程序已经嵌入区域和国际政策中，例如《欧洲人权和基本自由保护公约》(ECHR)，该公约已于 1998 年在英国法律中纳入《人权法案》。公约第 8 条保障"人人有权享有使自己的私人和家庭生活、家庭和通信得到尊重"(欧洲理事会 1950 年)。最近，欧盟《通用数据保护条例》(GDPR)成为一个广泛适用于整个欧盟的监管框架的显著例子。欧洲委员会通过的"指令"［例如 2006 年的《欧盟数据保留指令》(Data Retention Directive，EU)］并非自动适用于所有成员国，但必须由所有成员国实施，并由此对国内法产生深远影响。《数据保留指令》要求电信服务提供商收集和存储在线通信的"元数据"，例如谁与谁通信、何时通信以及使用的 IP 地址。它于 2014 年被欧盟法院废除，但在英国发布 DRIPA 后继续有效。在遭到一次法律挑战后，这项法案在 2016 年被欧洲法院裁定违法(Hintz & Brown 2017)。这种国家和区域层面之间的直接互动自 2020 年至 2021 年英国退出欧盟以来不再适用于英国，但继续成为其他欧洲国家以及参与其他政府间组织的国家法律的核心特征。总体来说，这些例子展示了政策的流动性以及其所受到的各种国家和国际影响。

尽管最近有努力更新相关数据政策，但平台、数据跟踪器和数据经纪商所在的数据挖掘、分析行业常在自我监管的背景下出现，而用户同意的初步解释已经成为限制数据处理的核心。在某些司法管辖区，平台和应用程序需要寻求用户同意这些公司跟踪其浏览习惯和使用其数据的方式。例如，2002 年(并在 2009 年修订)的欧盟《电子通信隐私指令》(Privacy and Electronic Communications Directive)要求那些访问网站的人对可能识别、跟踪和配置文件化他们的"Cookie"进行"明示同意"。然而，在实践中，如果人们希望通过最广泛使用的平台和服务参与数字生活，这种用户同意的模式就要求人们同意企业全面收集其数据。该模式将隐私保护的责任放在个人身上，并且"仅仅使从毫无戒心的数据主体那里提取个人数据的行为合法化"(Edwards & Veale 2017)。

93

随着法律不断跟上技术发展的步伐，数据政策的最新版本是人工智能政策——一组针对部署人工智能和类似数据驱动技术所面临的挑战的规制性讨论和制度，其中包括安全性、支持研究和开发以及对劳动力和社会正义的影响等问题(Calo 2017)。这种政策通常以工业政策为重点，因为人工智能被认为具有经济和地缘战略价值。自 2017—2018 年以来，欧盟出现了一系列的人工智能政策倡议，包括通信、决议、白皮书、指南和计划，其目标通常是提升技术能力。根据欧洲委员会 2020 年的数字战略，"塑造欧洲的数字未来"将涉及发展欧洲数据经济，"确保欧盟成为一个由数据赋能的社会的榜样和领袖"(Niklas & Dencik 2020)。

第二节　监管趋势：两种政策

数据收集和使用的新兴监管环境受到不同趋势的影响，而这些趋势对公民往往产生矛盾的影响。一方面，立法允许国家等机构收集越来越多的个人数据，而另一方面，某些特定类型数据的收集和使用又会受到数据保护规则的限制。接下来，本节将通过两个例子说明这些趋势。

尽管存在像斯诺登事件这样的丑闻，但许多国家已扩大数据收集的法律框架，通常是基于反恐威胁的安全考虑对此类法律正当化。英国 2016 年的《调查权力法案》是一个影响深远的法案。作为一项综合性立法，将之前分散的有关国家机构的通信拦截和数据收集的规则合并起来，涵盖广泛的监管方式。虽然它将许多传统上保密的监视措施公开到公众的监督下，但它确认、合法化并扩大了现有的国家数据收集和分析实践。这些实践包括针对性和"大规模"的通信拦截，即可以捕获的广泛数据类型的广泛内容；互联网服务提供商(ISP)和电信运营商(包括平台)强制保留通信(或元数据)数据并在有关机关请求时向当局提供；以及"计算机网络开发"(即国家机构侵入服务器和设备的黑客攻击)。它还引入了 ISP 捕获"互联网连接记录"的要求(实际上是人们的浏览习惯)，然后可供各种政府机构访问。该法律为政府机构收集有关人们的数据提供了广泛的法律基础，使公民在国家眼里完全裸露(Hintz & Brown 2017)。如前所述，它已被 2017 年英国《数字经济法案》补充，该法案规定了私营主体在某些类型的平台上对用户行为的数据收集，并促进了政府部门之间以及政府与私营主体之间的数据分享(Hintz & Brand 2019)。这种数据转移通常在没有公民知情同意的情形下进行，是公共和私营数据操作之间日益增长的互动的例证，例如在公共部门使用商业数据聚合工具(Dencik，Hintz et al. 2018)。

　　同时，与数据收集合法化的扩大趋势相矛盾的是，在一些司法管辖区内，数据保护规则亦得到加强，特别是对互联网产业和商业平台的数据处理活动进行了更严格的监管。最引人注目的案例是 2018 年颁布的欧盟 GDPR，该条例限制了公司使用和分享个人数据，并提供了新的方向，以便在数据化带来的新挑战背景下为公民对与其相关的数据提供一些控制。在限制数据使用方面，该条例规定数据收集和处理必须具有特定和明确的目的，不能将数据用于其原有目的之外的情形。此外，它限制了敏感个人数据(即揭示种族或族裔起源、政治观点、宗教或哲学信仰以及遗传、生物测量和健康数据的个人数据)的处理，并且通过禁止仅有自动化决策的方式来解决逐渐扩大的自动化决策实践。虽然这可能不影响公共部门数据分析的使用(参见 Dencik、Hintz 等人的 2018 年著作以及本书关于数据与治理的第二章和关于数据与公民身份的第五章)，这些使用支持(而不是取代)人类自身的决策，但它作为一种保障，防止将决策过程转变为仅涉及公民和其生活的自动化决策。

　　除了这些保护措施之外，GDPR 还制定了一整套法规，增强人们对于涉个人数据的控制。其中包括个人数据访问权和数据可携带权，允许用户在不同数据收集者之间转移他们的数据，从而方便个人更换服务提供商；并且通过授予公民解释和挑战算法决策结果的权利，使新形式的算法自动化决策更加透明。此外，GDPR 通过将同意定义为一种持续、连贯的积极选择，而不是一次性的合规选择，扩展和完善了同意的概

94

念。GDPR 要求互联网服务提供商积极获取用户同意，并赋予用户随时保留或撤回的选择权。

GDPR 反映出一种新兴趋势，即公民需要某种形式的数据保护，他们缺乏对其数据控制的能力。这也已被国家政策讨论并采纳，例如英国政府于 2018 年发布的《数字宪章》(Digital Charter, UK)，其中包括"应尊重并适当使用个人数据"的规定，对个人数据收集和分析的关切已成为数据伦理和机构发展方面的话语基础，例如英国数据伦理与创新中心 (Centre for Data Ethics and Innovation, CDEI)的创建。然而，提供这些内容的政策环境仍然高度矛盾。虽然它承认公民控制(某些)数据和增强(某些)公民权利的需求，但私营部门，特别是政府对个人和行为数据的收集仍然相对较少受到限制。公民数据的处理、应用和使用可能受到更具体的规定，但这并没有阻止越来越详细的数据收集和挖掘。

第三节　知情用户和数据个人主义的问题

从数据正义的角度来看，GDPR 规定了许多公民个人和正义导向的法条内容。对于目的明确、敏感数据收集和自动化决策制定的规则将是解决隐私问题、减少数据危害和应对日益自动化的国家—公民关系的重要手段。虽然这些原则的实施遇到了许多挑战，GDPR 的具体内容也引起了很多批评(例如 Edwards & Veale 2017；Wachter, Mittelstadt & Floridi 2017)，但它规定的内容可能推动迈向以数据正义为内容的规则集。同样，推动人们对数据的控制并赋予公民行使权利、成为知情和能动的数据社会参与者的手段，为国家—企业—公民关系提供了重大变革，缓解了被剥夺数据主体所表现出的"数字辞职"(Draper & Turow 2019)。第 29 条工作组(Article 29 Working Party)是一个独立的欧洲专家团队，在 GDPR 通过之前处理隐私和数据保护问题，该工作组制定了推进"用户选择、用户控制和消费者赋权"的目标，从而解决数据关系中的权义失衡和数据化未来涉及的关键问题。

然而，用户授权的方法意味着用户保护的要求和(在解释和挑战权方面)证明的负担落在"数据主体"即个人公民身上。数据可携带权、获得同意的需要以及获得解释的权利为公民提供了重要的工具，但如果公民缺乏实施它们的知识和能力，这些工具可能作用有限。正如爱德华兹和维尔(Edwards，Veale 2017)所指出的那样，"数据主体未被授权来利用他们可能被提供的算法解释的类型……因为他们缺少时间、资源以及必要的专业知识，无法有意义地利用这些个人权利"。关于知情同意规则的改善，这可能会导致"同意悖论"(consent fallacy)，即用户产生被提供了选择的幻觉，同时被迫(或诱使)同意转移其数据。同样地，获得数据收集和处理的解释的权利可能会产生"透明度悖论"(transparency fallacy)，因为仅有解释可能并不足够有意义，即使是最有权力的人也不能自主决定。尤其是当这项权利仅限于"有一般解释，而不是允许个人对影响其特定决策获得解释的权利"时更是如此(Kaltheuner & Bietti 2017)。

用户的知情同意规则长期以来一直是数据监管框架的核心，而像GDPR这样的法规更加强调了这一点，而非对其进行批判性评估。虽然积极公民在数据化社会中的角色是一个重要的关注点(参见本书中涉及公民身份和行动主义问题的章节)，但作为政策指导方针的由用户授权为主的制度构建，掩盖了个人数据访问权需要公民目前并不具备的理解和参与能力这一问题。它可能会掩盖实际的权力不对等问题，使公民处于极为不利的位置，而不是加强公民在数据处理中的作用。这种对知情用户的批评与早先的担忧有关，这些担忧是从数据正义的角度提出的，涉及对国家监视的主要反应(Dencik，Hintz，Cable 2016)。通过使用加密技术和匿名化工具来进行自我保护，以防止侵犯隐私的实践可能有用，但这将解决系统性和普遍性监视的责任转嫁到个人，并将社会问题转移到公民个人的生活领域。数据正义视角的出现与对将社会挑战简化为个人反应的批评密切相关，这也适用于数据政策的基本原则。

目前，数据保护规则(如 GDPR)强调"个人数据"，凸显数据政策中个人主义导向的另一个问题。通过诸如数据可携权来加强用户控制通常适用于个人已明确向数据控制者(如平台)提供的数据，但排除了该数据与其他来源或提供者的数据的组合(例如，平台可能从数据经纪人处获取的有关个人的信息)，以及从该数据推断出的信息，即平台可能进行的标签分类与用户画像。此外，数据可携权的适用范围并不一定包括现在由平台和其他数据行业收集的广泛的用户行为数据，而这些数据是"监视资本主义"(surveillance capitalism)(Zuboff 2019)的核心。这可能涉及用户在平台上的活动，如脸书上的点击和点赞、对广告的反应、访问站点的时间、写作风格、用户的情绪分析以及用户的其他行为的详细分析。这种从数据推断或衍生而来的信息与用户个人数据、从其他数据来源和收集的其他用户的数据的组合，是由平台(或其他数据企业)作为其自身数据处理的一部分生成的，因此仍然属于生产此类数据的平台财产，而不是数据主体的财产(Edwards & Veale 2017)。这种数据的解释、推断和组合，以及它们对消费者和公民进行画像、分类、评级和评分的价值，已成为公共部门与私有组织特别重要的资源(Dencik，Hintz et al. 2018)。预测分析、行为定位和风险评估是建立在数据主体的共享特征和行为模式的关系基础上的，并且因此是基于他们属于群体和与群体的互动(Viljoen 2020)。此外，数据推断得到的信息可能会规避有关敏感个人数据处理的 GDPR 规则，因为它们可以从可观察(但"非个人"的)数据中获得有关个人的不可观察(可能敏感)的数据。美国刑事司法系统中的风险评分，其中广泛的(主要是非敏感)数据点导致了种族歧视，可能是一个突出的例子(Angwin et al. 2016)。

　　对于知情同意规则、个人责任与个人数据的关注因此在解决数据的社会化利用层面存在重大问题，且不足以成为数据政策的基础。最重要的是，这些问题主要表明对以个人为本位的数据规制具有局限性。数据通常意味着与他人的关系，以及个人在集体中的位置，从中他们可以被区分。即使是"个人"数据，更广泛的推断数据和衍生数据也是如此。从这个意义上讲，数据的价值主要体现在与他人的关系中，这在数据分析公司生成的分类、排名和"风险评分",以及公共服务机构等的使用中尤为明显。这些评估将公民、消费者相互比较,并根据结果分配资源。正如本书先前所述,它们将人们分类、优先考虑服务的享受者或国家干预的对象,或者建立"相关"的朋友和关注者网络,部分人的内容应该比其他人的内容更受推崇。此外,如果数据主体在平台经济中的在线交流、添加好友和服务使用中不可避免地将他们与其他用户联系起来,则会影响到有关这些用户的推断数据,例如他们的社交网络特征、文化和政治环境,以及可能的个人信用评分或根据警察或社会服务机构的"风险"评估。我的个人和行为数据会影响对其他人进行的数据分析的结果,并可能改变他们的个人资料、分类或优先顺序。因此,数据永远不完全是"个人"的。

　　然而,大多数数据法律法规都仅考虑到个体层面,而非数据的关系性和群体层面特征以及个体的伤害。它们因此将数据化问题简化为个体影响,并提出个人主义的解决方案,不适合解决面向人口的数据收集和分析的影响。数字隐私法可能是一个特殊案例,它考虑了个体数据伤害,但并非为解决数据的关系效应而设计。提议通过允许公民作为更广泛的数据经济的一部分出售和交易"他们的"数据来推进个人数据所有权和商业化的做法(Lanier 2013)也没有解决这个问题。正如维尔容(Viljoen 2020)所指出的,数据个人主义的结构性缺陷不仅涉及现有的数据法律,而且涉及大多数政策改革,"集中在如何确保更大的数据主体控制,更强大的数据主体尊严保护或更好的数据主体自主权法律表达"(Viljoen 2020)。此外,数据社会关系的描述将专注于"如何平衡构成数据生产的人口层面效应的重叠和有时竞争的利益"。

第四节　制度性回应:数据管理

98

　　在当前的数据环境中,个人面临着国家和数字社会发展对收集、分析数据的巨大需求与利益。通过重新强化数据主体对个人数据以及数据化事项的控制，可以减轻他们目前面临的一些伤害，并可能减少一些当前数据交互所特有的权力失衡。然而，即使假设理论上能够实现完全有效的知情同意，使用户知晓，与拥有巨大资源和数据能力的公司与政府相比，个人也面临着权力结构上的不利地位。此外，正如上文所指出的，个人对数据的控制路径无法解决产生价值，并构成当代数据驱动治理核心的关系层面。基于此，赋予个人处理其数据和面对主要数据收集者的能力将不足以解决问题。为了正确解决数据的关系和集体特征以及数据化过程中的权力失衡问题，政策方法可能需要考虑由第三方机构来管理数据及其各种含义。因此，需要的是构成"远远更具集体性、民主性的方式来命令这种生产活动"的机构性回应(Viljoen 2020)。

各种不同的模型、概念和提案对此提供了集体和制度性的响应，平衡了个人数据主体与收集和处理数据的强大控制者之间的关系。受到信托和慈善信托的启发，数据信托(data trusts)是最为突出的模型(Winickoff & Winickoff 2003)。数据信托基于对众多数据主体的数据的私人管理，旨在行使和加强数据主体的权利。当符合数据主体的利益，并得到适当的管理以确保问责制时，数据信托架构可以促进数据的使用、处理和共享。因此，关于利益、问责制、监督和制裁的伦理和可信赖的基础至关重要(O'Hara 2019)。虽然关于数据使用的决策被委托给了受托人，但个人可以扩展或撤回对他们的支持和参与。不同形式的托管已经被提出，从独立的非政府机构到独立于政府的法定机构和针对特定领域的数据信托(Mulgan & Straub 2019；The Royal Society 2017)。从数据正义的角度来看，数据合作社(data cooperatives)的模型可能特别有趣，因为它们的治理和产权结构主要基于成员(数据主体)的参与，允许民主决策并与成员的集体利益直接联系(Ada Lovelace Institute 2021)。然而，所有不同版本的数据信托都有一个特征，即数据信托构成数据提供者(公民)与数字经济和国家的主要数据处理者之间的中介。

然而，无论是数据信托，还是数据合作社，均既想保护数据主体免

受数据伤害，又想将人群层面数据所提供的社会利益最大化。两种制度 99
构想将个人或组织的数据汇集起来，为其成员谋求利益，并试图在公共
利益下策划数据。因此，可以看出，这两种数据均将数据视为公共产品
(Morozov 2015)。然而，它们面临的挑战在于如何协调成员权益保护和更
广泛的数据分享、处理之间的平衡。结构和目标常常决定如何将何种目
标视为优先级。不同于数据信托、数据合作社的数据管理，正逐渐成为
数据政策辩论的主题，也面临着数据本地化这一具有挑战性的问题。在
一个数据的经济价值被大型(主要是总部位于美国的)互联网公司以及托
管它们的国家(主要是"全球北方"国家)集中的世界中，要求将从某个
特定国家的公民或特定社区成员收集的数据进行本地化存储和处理，可
以分散数据的控制权并更平等地分配数据处理的经济利益。因此，数据
本地化可以缓解数字经济和数字地缘政治中不平等的权力关系。要求数
据本地化，要从高度集中的数据行业中删除对数据的控制，已在许多国
家出现，并且某些类型的数据需要在诸如澳大利亚、尼日利亚和俄罗斯
等不同管辖区域内本地化(Browman 2017)。在欧洲，GDPR 并未明确倡导
数据本地化，尽管其严格要求限制个人数据向非欧盟国家的转移。但
是，在最近的欧洲数字战略和人工智能政策辩论中，议程讨论了"技术
主权"，包括推进欧洲对数据基础设施的控制和所有权以及构建"欧洲
数据空间"，即面向特定行业的数据存储库(Niklas & Dencik 2020)。

　　在"数据国有化"(data nationalization)中，数据本地化的概念因被指
是国家政府获取境外数据的借口而饱受谴责。然而，这对那些较少限制
政府行为，且疲于保护公民数据权利的政府更有助益(Hintz & Brand
2019)。另外，地方政府层面的本地化政策可能为增强公民对数据的控制
权提供途径，而不会进一步转移权力给国家政府。像巴塞罗那和阿姆斯
特丹进行的实验已经证明了去中心化的好处，同时减少了集中数据处理
权力可能导致的数据伤害的风险。

　　上述制度考虑到了数据的集体性质，类似于以社区为主体的数据所
有权形式，同时认识到保护弱势社区免受数据开发和歧视的必要性。本

土数据主权是上述制度下的子制度。基于保护和发展其文化遗产、传统知识和传统文化表达的需要，原住民社区制定了维护、控制、保护和发展其在这些方面及更广泛的数据上的知识产权的权利方案(Kukutai & Taylor 2016)。

100 　　这里概述的方法因其范围而有所不同，要么专注于特定社区，要么专注于更广泛的公众。一些人将公民数据看作公共资源(或基础设施)，而另一些人则强调其对公民和社区赋权的作用。然而，他们都致力于推进公共目标，而非私人利益，并主张公共治理而非私人、商业或个人控制。上述方法为发展制度性应对措施提供了途径，以实现数据的集体维度和人口层面数据的社会效益，同时允许公民有意义地确定收集哪些数据以及如何使用。通过为人们在数据决策和积累在数据生产和处理中的集体利益方面提供发言权，民主治理的途径得到构建，并导致了维尔容(Viljoen 2020)所描述的"数据作为民主媒介"。

第五节　话语、规范与利益

　　毋庸置疑，上述制度是否以及如何发展、立法和监管趋势的优劣，取决于倡导特定选项并塑造政策出现的话语环境的社会力量。正如传媒学者德斯·弗里德曼(Des Freedman)所提醒，通信系统是"经过有目的地创建，其特性由相互竞争的政治利益所塑造，这些利益寻求铭刻其立场的价值观和目标"，这意味着政策辩论是"不同政治偏好被赞美、争议或妥协的一个领域"，是一个"对比不同政治立场争夺物质优势……和意识形态合法性的战场"(Freedman 2008)。因此，为了理解政策是如何构建的，我们需要审问谁试图影响政策过程，他们对影响政策辩论的能力是什么，他们的利益是什么，以及这些利益所倡导的主要观念和意识形态是什么。

　　回到我们之前探讨的案例之一——英国调查权力法案，在其中，许多社会活动家和利益相关者试图在不同的方向上推动新法律的制定。在斯诺登事件的激发下，民间社会组织和运动团体通过组织公开辩论、游说立法者和扩大成员等方式施加了巨大压力。一个名为"别监听我们"联盟(Don't Spy On Us coalition)是其中的集大成者。之前被排除在国家安全辩论之外，斯诺登事件后，他们能够为新法律的考虑贡献他们的专业知识和观点，并且成功占据了一席之地(Hintz & Brown 2017)。此外，互联网公司也在批评这种大规模的数据收集。他们担心斯诺登事件导致用户对他们服务的信任产生影响，因此更加关注数据安全和用户隐私，并倡导政策改革。这导致政府和企业部门之间的紧张关系，并在一定程度上削弱了政府和互联网业务之间的强大勾结(Wizner 2017)。

此外，与英国政府有关的几个机构发布的评论，如恐怖主义立法独立审查员(Independent Reviewer of Terrorism Legislation)和皇家联合研究所(Royal United Services Institute)，批评现有的法律框架为"非民主的"(Anderson 2015)，并要求改变；而在国际层面上，联合国言论和意见自由特别报告(United Nations Special Rapporteur on Freedom of Expression and Opinion)谴责肆虐的数据收集行为(Kaye 2015)。此外，法院的频繁干预显示了司法系统和法院裁决在政策改革中发挥的作用。隐私国际、自由权协会和国际特赦组织等运动组织成功地在调查权审裁处(Investigatory Powers Tribunal)和欧洲人权法院(European Court of Human Rights)质疑英国的监控措施，并在某些情况下取得了成功。关于先前形式的国家监视非法性的法院裁决，在要求政策变革方面发挥了重要作用，这促成了调查权力法案的制定。

尽管所有这些努力都对新法律产生了影响，但英国政府的联盟，特别是负责制定该法律的内政部和安全机构，成功地将调查权力法案引向扩大监视能力的方向，而非减少。他们与政策制定者之间的紧密联系被证明是至关重要的，并且这些社会活动家所提供的反叙事与公众产生了共鸣，或者至少中和了公众对过度国家监视的担忧(Hintz & Brown 2017)。此时，公共辩论被恐怖袭击主导，安全焦虑已经超过了斯诺登引发的监视问题，因此声称需要加强安全机构以提高公共安全的论点被证明是成功的。这个观点得到了政府高层代表和情报机构强有力的公关支持。例如，GCHQ 主任罗伯特·汉尼根(Robert Hannigan)称社交媒体网络为"恐怖分子"的"首选指挥和控制网络"(Hannigan 2014)，同时主流媒体的主导叙事也支持政府的立场(Wahl-Jorgensen，Bennett & Taylor 2017)。

这个例子向我们展示了数据政策常常被嵌入各方利益相关者的利益需求中。在这个案例中，公民社会的运动和数字权利倡导在很大程度上是失败的，但其他数字政策制定的案例表明，它们可以产生决定性的影响(例如，在打败限制调查权力法案立法和争取网络中立性的运动中，参见 Sell 2013)。规范性主张是这些努力的核心。正如围绕调查权力法案的辩论所展示，国家的主导部门成功地将"安全"(或者更确切地说，是特定的国家安全理解确立为一个显著的基准，它主导了公民权利和人们对数据控制的规范。而后者则构成 GDPR 的背景，尽管行业努力淡化监管，但这种说法仍然具有说服力。商业利益将"创新"作为引导数据政策和主张减少对数据使用限制的框架，并且这种方法得到了政府的共鸣，支撑着反对对数据收集的限制性规定的努力(Hintz & Brand 2019)。

102　　　在此背景下，"数据伦理"已经成为引导数据化并框定公共机构和私营部门数据使用的突出规范方法。虽然它关注公民保护和数据危害，并因此提出对数据的负责任处理，但它的基本前提是数据收集本身是合理的甚至是必要的，并提供了一种替代立法限制的选择，这与"安全"和"创新"规范的支持者产生强烈共鸣(Wagner 2018)。不出所料，数据伦理框架在学术、商业和政府辩论中广受欢迎，并为新机构的发展提供指导，例如英国数据伦理与创新中心，其任务是制定数据使用的规范和指南。

伦理学讨论在人工智能政策出台中扮演着重要角色，并伴随着信任的概念。在欧盟有关人工智能的政策文件中，发展强大的人工智能产业的目标通常伴随着确保公民对人工智能应用的信任和信心的需要。因此，围绕技术的伦理和以人为本的方法的担忧成为创新和产业发展战略的组成部分。上述担忧不仅一直被强调(Niklas & Dencik 2020)，且纳入产业政策的首要地位，被视为(尽管并不总是明确的)实现业务增长和人工智能部署的必要步骤。此外，人工智能的情况特别有趣，因为它不仅汇集工业和伦理目标，还涉及地缘政治战略。人工智能已成为美国和中国之间全球竞争的主要战场，欧盟政策旨在加入这些大国，创建成功的基于人工智能的经济体系。虽然伦理问题和以社会公正为导向的发展可以作为竞争优势进入这场斗争，但它们作为基本政策目标的角色较为有限。

值得注意的是，社会正义不一定包括达成一致的措施和目标，而是会受到不同利益相关者的竞争性影响。正如前面所述，个人用户仍然是数据保护工作的主要关注点，包括个人隐私、非歧视和透明度。相比之下，社会和经济权利，如工作权、社会保障权、医疗保健或教育权等，受到的关注较少，尽管它们是围绕数据化治理和人工智能的社会紧张局势的核心所在(Alston 2019)。虽然它们在某些技术发展的讨论中占据突出地位，但它们很少指导政策制定或政策改革议程，而个人自由则提供了一个不具有争议的关注焦点，不会挑战数字商业部门的核心利益。

总体来说，这些目标和原则的多重考虑使我们意识到数据政策制定的规范背景的重要性。非约束性的规范和话语框架可以指导立法的发展，并为关于应该和不应该做什么的辩论提供重要环境。它们影响可用监管选项的范围和合法性。数据公正政策逐渐得到重视，但仍与其他对政策需求和目标的理解相竞争。保护公民并增强他们对数据的控制已成为强烈需求，正如 GDPR 和其他政策倡议所证明的那样，但它们仍需在国家安全和经济创新的目标面前证明自己的地位。在当前有关数据化的辩论中，这些不同的目标争夺主导地位，而一个明确的主要基准未必会出现。

此外，这些规范斗争再次表明，数据化并不是中立的。它与不同社会领域的竞争利益密切相关。正如本书之前的章节所表述的那样，它可以带来商业机会、财富再分配和经济不平等，也可以导致歧视、统治和

103

惩罚。关于政策需求的竞争性叙事，得到了先前存在于数据化社会之前的社会正义斗争的支撑。

第六节　结论：迈向数据正义政策

当前的数据政策发展趋势极其矛盾。一方面，商业和国家机构的数据收集、数据流通正在扩大。像《调查权力法案》这样的法律允许使用广泛的监控和拦截措施，政策制定者缺少对限制个人数据收集的兴趣与动机。虽然人们越来越认识到需要某些必要的限制，但主要通过数据保护规则和规范性数据伦理框架来限制上述行为。而关于伦理数据使用以及 GDPR 的颁布可能会使人们不再关注数据的过度收集问题。正如英国的例子所示，加强数据保护和扩大公民对数据的控制的努力可以与数据流通并存。

另一方面，越来越多的人认识到需要保护公民免受数据伤害，并加强公民对数据的控制。由于数据相关的丑闻，如斯诺登事件和剑桥分析公司的案件，人们越来越认识到数据处理行为需要得到监管与限制。其中最重要的是赋予公民在数据化环境中作出知情决策的权利。GDPR 通过多种方式试图增强公民的积极作用，从个人数据访问权和数据可携权到知情同意规则和要求解释的权利。而限制机制则指向机构处理数据的限制，包括目的特定原则、限制对用户的识别分析以及限制自动化决策。

从数据正义的角度来看，这些原则和规则提供了有用的起点。从本质上讲，它们指出了需要以公民为中心的监管框架，并关注数据来源者对数据的控制权在哪里。是由公民掌握，还是由平台和其他互联网公司或政府机构掌握？

然而，正如我们所看到的，以"知情用户"为中心构建的监管框架存在严重缺陷，在适用过程中将遇到严重阻碍。此外，重点放在个人权

利、能力和保护上，并未考虑数据的集体和关系维度。因此，数据政策
需要重新概念化，从保障个人权利到承认集体秩序并使其制度化。从数
据本地化政策到数据信托和数据合作社，新概念和新机构也正在形成。
基于数据正义，这种对数据化的集体回应是必不可少的，不仅是为了有
效地解决数据危害，也是为了使处理数据化社会挑战的方法民主化，并
解决其特有的权力失衡问题。

最后，数据正义政策的发展离不开支持性的规范和话语环境。即使
是日益得到承认的公民权利和控制原则，也继续与"安全"和"创新"
的主导规范框架竞争，并且往往难以在为决策提供信息的相关理念中确
立自己的地位。在政策辩论中，几乎没有人注意到集体的数据化方法。
因此，数据政策既是一项法律，也是一项论述性的努力。

第七章　数据与社会运动

　　一个非政府组织绘制了一张受新冠肺炎疫情影响的人群地图，以反映官方统计数据未涵盖的边缘化人群；一场抗议运动在推特(Twitter)上发起，其中多个账户同时使用相同的主题标签来使其成为趋势；一个组织发起了一项运动，禁止在特定领域部署面部识别技术。上述例子有一个共同特征，即社会活动家都试图通过数据和算法，参与到追求社会与政治变革的运动中。这一现象通常被称为数据行动主义。本章探讨社会运动和民间社会组织如何利用数据来促进社会正义，阐明数据化社会中，正在被建构和实施的社会机构与社会变革类型，主张数据行动主义是数据正义的关键组成部分。本章首先界定数据机构和数据政治的含义；其次，通过生态、基础设施和想象这三个概念来探索数据与社会运动之间的相互形塑关系；最后，通过列举社会活动家利用数据和算法以增强社会正义(反数据行动和算法行动主义/政治)的关键例子，集中体现数据行动主义的生命力、蕴含的机遇和挑战。围绕当前有关数据的争议，本章表明，社会活动家不仅在为重新定位数据化的进程作出贡献，而且还在更具结构性意义的层面上挑战其应用的必然性。

第一节　社会运动、数据机构和政治

正如当代思想家所强调的那样——如本书所广泛阐述的那样——数据和算法正在深刻地重塑社会关系和政治，数字平台和数据系统所行使的力量正在迅速变得更加普遍和具有威胁性。哈佛大学教授肖莎娜·扎波夫(Shoshana Zuboff 2019)认为，科技行业公司收集和部署预测性算法是一种行为矫正手段，不仅使人类行为变得完全可支配和可管理，也通过"穿透事物和人体的数字逻辑，将意志转化为强制，将行动转化为条件反射"(Zuboff 2019)。然而，对数据和算法为商业平台提供日益核心作用的关注不应阻止我们认识到，数据始终是一个充满矛盾力量、多方谈判和多方解释的争议领域。因此，我们应该抵制对"倾向于淡化或排除观众和生活世界意义的单一权力描述"这一趋势的重申(Livingstone 2019)。因此，数据问题需要批判性思考，在允许科技公司行使巨大经济、社会和政治权力的同时，也应该探索在数据化时代，何种形式的机构管理、限制和社会变革等是可能规制数据的。正如传播学者维尔科娃和考恩(Velkova，Kaun 2021)所言，与一些持续性描述倾向相一致，人们不应是算法力量的单纯的、被动的受害者。

集体行动和社会运动是推动社会变革的两股强大力量。纵观历史，抗议运动对于社会、文化和政治转变具有重大影响。因此，认识到它们的作用并了解它们的动态是阐明"数据如何在争取更公正社会的过程中被建构和实施"问题的关键。在日益加剧的不平等、不公正以及环境危机语境下，数据所扮演的角色显得尤为重要。此外，社会运动是我们理解技术实验和创新的关键。纵观历史，社会活动家们展示了如何以不同于其创制者意图的方式，利用适当的技术达到社会正义的目标。凭借创造力和有限资源，他们也一直站在技术传播的最前沿，包括创建独立媒体基础设施和传播可替代内容(Barranquero & Treré 2021)。同时，社会活动家们也为反霸权主义的社会想象(理想范本)的发展和传播提供了有利环境。抗议运动构成一个全新的公共空间，这个空间中有关民主、平等和正义的不同思考方式涌现，更具变革性地使用技术的设想、试验和颁布发生。因此，追溯社会运动是如何利用数据的方式，以及社会运动对社会数据化产生怎样的反馈是至关重要的。当代社会运动和行动组织向我们表明，社会参与者能够抵制、颠覆、重新利用数据和算法来构建替代性的社会想象(理想范本)，并基于数据特征，培养不同的目标，寻求建立一个更公正的社会。但事实上，出于社会正义目标而动员数据和算法的现象，只是围绕社会数据化而进行的斗争之一面。另一面是，上述的算法和数据动员运动，往往几乎无法撼动数据化的前提(Hintz, Dencik, Wahl-Jorgensen 2019)。因此，本章采用将社会运动中的数据使用作为一种手段，也作为一种社会风险的角度进行讨论(Beraldo & Milan 2019)，证明数据行为主义构成数据正义的关键组成部分。

批判性数据学者海伦·肯尼迪(Helen Kennedy)在反思数据化日常经验的意义和影响时写道:"因此，数据行为主义需要代理的可能性，但在许多数据研究奖学金提供的数据化愿景中，数据代理参与的空间很小。"(Kennedy 2018)虽然数据研究中充斥着描述数据系统反乌托邦后果的内容，但对数据代理行为的研究，即人们参与、挪用和数据化实践的研究仍然稀少。然而，如果我们想了解数据系统如何被改变、重新利用甚至解构，就需要研究数据代理。数据代理是一种能力，即"社会参与者以各种方式参与、反馈他们所处的环境，并在环境中将他们的关系转变为结构的能力，在环境中使他们能够改变"(Milan 2018)。下文中的另一个定义将进一步厘清"代理"的概念。

传播学者尼克·库尔德里(Nick Couldry 2014)将"代理"定义为"基于反思的长期行动过程，以理解世界并在其中行动"，这一定义强调自反性的中心地位。转到有争议的数据领域，我们可以相应地将"数据代理"定义为用户的"反馈能力"，以使数据符合他们自己的需求。数据代理的能力不仅掌握在精英、大企业、政府和公司手中，抗议运动、小规模组织以及大量的基层和替代行为者也可以通过增强公众能动性的方式制作、收集和分析数据，有助于设想、形塑和制定一个多元化的"数据世界"(Gray 2018)。对数据代理(Couldry & Powell 2014)、数据行动主义(Milan 2017) 和"与数据共存"的日常实践(Kennedy 2018)的研究趋于一致，这些研究均强调对自上而下数据化过程的分析只是故事的一面。不同行为者为"自下而上"的数据赋予意义，并利用这些数据来推进社会正义并试图改变世界。因此，数据化应该被理解为一个"自上而下"和"自下而上"同时发生的双重过程：一方面，用户数据被收集、分析并被从中获利；另一方面，这些数据也被反馈，使他们能够"在世界上定位自己"(Kennedy, Poell, van Dijck 2015)。在本书中，我们已经看到了政府和企业如何广泛部署数据以达到安全目的。然而，社区团体、小型组织和行为者团体也在挖掘数据化的可能性，追求与"自上而下使用大数据"截然不同的目标和满足需求(van Dijck 2014)。

　　从上述反思中可以清楚地看出，数据和算法系统是对比力量的战场，数据代理可以由不同的参与者出于相反的目的自上而下或者自下而上地行使。如果我们研究政治领域的数据代理，探索鲁珀特、伊辛和比戈(Ruppert, Isin, Bigo 2017)所谓的"数据政治"，则尤其如此。正如三位学者所解释的那样，"数据政治与涉及事物……语言……和人……的数据可能性相吻合，这些数据共同创造了新世界"(Ruppert et al. 2017)。数据指定了"新世界中的政治问题的叙事和管理方式，管理方式是指通过提出权利主张来激发臣民管理自己和他人的方式"，并且"不仅关注围绕数据收集和部署的政治斗争，还关注数据如何产生不同形式的权力关系和在不同层次的政治力量"。因此，数据和政治是不可分割的，数据正在以多种方式形塑我们民主国家的动态，提出了与治理、主权、自由、自治和正义有关的问题，我们在本书中帮助勾勒这些问题。

　　扩展这一定义，并建立在社会运动学者蒂利和泰罗(Tilly, Tarrow 2015)的"争议性政治"(contentious politics)概念的基础上，批判数据学者贝拉多和米兰(Beraldo & Milan 2019)最近引入了两种"数据政治"概念之

108

117

间的分歧。前者是"数据制度性政治"(institutional politics of data),特指数据化对群体和个人的自上而下的影响。后者,即"数据争议性政治"(contentious politics of data),则是表示"个人和团体自下而上推动数据政治的做法"(Beraldo & Milan 2019)。更具体地说,对于有争议的数据政治,两位学者提到了"自下而上变革性举措的多样性,通过挑战现有的权力关系和叙述,并/或通过重新利用数据实践和基础设施来实现不同预期目的,干扰和/或劫持占主导地位的、自上而下的数据化过程"。因此,有争议的数据政治的范畴是所有那些设想、参与和利用数据以增强社会正义并寻求改变社会的范畴。

数据和算法都可以被社会运动和集体利用和动员,这些运动和集体可以利用数据力量来形塑一个更公正的社会。正如我们将在下一节中看到的,社会正义可以通过集成数据和算法来实现进入社会运动和民间社会活动家的有争议领域,或者通过首先确定部署数据系统的前提和需求来实现,上述两个相互关联的方面将数据行动主义视为数据正义组成部分的观点将越来越明晰。

第二节　数据与社会运动之间的相互塑造:
生态、基础设施与想象

在研究数据与社会运动之间的关系时,值得关注的是,社会活动家们的数据参与是更广泛、更多方面的行为者媒体生态的组成部分之一(Treré 2012、2019)。这意味着,在抗议活动中,活动人士和民间社会活动家每天都要使用各种设备、形式、平台和技术。这些媒体技术可以是虚拟的、数字的,可以是旧的、新的,传统的、可替代的。它们的范围从传单、海报到社交媒体平台、电子邮件和在线论坛,从手机、无线电发射器到 WiFi 天线和服务器。数据行动主义实践为活动家更广泛的、有争议的社会图景所镶嵌相交。因此,我们不应将它们视为其他类型行动主义的替代品，而应将其视为一组混合动力，这些动力经常与更传统的行为主义形式共存并融合。这意味着，从社会运动参与者和活动家集体的角度来看，数据行动主义的策略经常作为新工具出现，这种工具被添加到用于抗议、动员、运动、组织和传播信息的现有资源"工具箱中"。数据行动主义本身也不应被视为一个单一的过程，而应被视为实践的连续统一体。这些实践涵盖了从反数据行动到反公民黑客攻击，从诉讼到混淆技术，从算法行动主义到为活动家构建具有革命性质的自治基础设施。数据行动主义是一种复杂现象，这种现象由各种各样的参与者、技术、格式、基础设施和策略等要素组成，这些要素在不同的环境和文化中差异很大。

　　为了描绘这种广泛的多样性，社会运动学者和数据学者斯特凡尼娅·米兰(Stefania Milan)将行为者的数据参与定位在"主动"和"被动"形式的数据行动主义之间的连续统一体上。主动数据行动主义(proactive data activism)使用新数据来促进社会正义，而被动数据行动主义(reactive data activism)挑战国家、企业和精英的算法控制(Milan 2017)。前一种类型(主动数据行为主义)是指"利用社会生活数据化带来的公民参与、宣传和运动可能性的项目"(Beraldo & Milan 2019)。主动数据行动主义包括利用社会分布式信息系统来开放数据以促进社会正义，并扩大通过杠杆作用参与决策和冲突解决过程的社会分布式信息系统(Gutiérrez 2018)。这类数据行为主义的例子是各种各样的，例如，基于"结束积压工作"(Ending the Backlog)运动(O'Connor 2003)，美国修订了与强奸案有关的DNA试剂盒；法医组织在创建和管理数据库方面的法律工作，如墨西哥的公民法医学(Ciencia Forense Ciudadana)和公民数据(Data Cívica)(Sastre Domínguez, Gordo López 2019)；开放数据运动，公民黑客、黑客和透明度倡议(Baack 2015；Schrock 2016)；环保人士组成亚马逊信息网络，促进亚马逊地区的数据透明度(Gutiérrez 2018)。对于一些学者来说，这种行动主义甚至包括通过信息系统和数字平台(如 LiquidFeedback，Democracia 4.0 和 DemocracyOS)使公民提供直接参与倡议(Sastre Domínguez, Gordo López

110

119

2019)。后一种类型的数据行为主义，即被动数据行为主义，指的是抵制"大规模数据收集的可感知威胁，并通常通过技术修复"的个人和民间社会组织(Beraldo & Milan 2019, p.4)。面对政府和企业日益增长的数据监控和压迫性算法控制，这种类型的数据行动主义重新获得了代理权。例如：混淆工业数据收集的策略(Brunton & Nissenbaum 2011)；开发保护人们隐私和数字权利的自治网络服务、应用程序、工具和基础设施(例如意大利的 Austistici/Inventati、西班牙的 Sindominio、Lorea，以及 Riseup 等)；部署开源软件，以实现匿名和抗审查的通信，如 TOR 和 Freenet；反数据行动的形式(Currie et al. 2016；Dalton & Thatcher 2014) 来质疑、取缔和抵制与主导数据集相关的主张和理解，包括反映射策略。除了这些有用的区别之外，学者们还将数据新闻解释为一种数据行动主义形式(Gray & Bounegru 2019)，专注于收集数据和调查数据化的实践。另一个突出的与社会正义相关的数据行动主义的重要领域是环境数据正义(enviromental data justice)(Vera et al. 2019)的框架，该框架反对黑人女权主义者帕特里夏·希尔·柯林斯(Patricia Hill Collins)(1990)描述的统治矩阵所维持的"剥削逻辑"，即白人特权主义、异性父权制、能力主义、资本主义、定居殖民主义和其他形式的压迫所联合而成的"剥削逻辑"(Costanza-Chock 2020)。

　　此外，数据社会运动参与在很大程度上定义和突显了当代数字行动主义的两个相互关联的要素：基础设施的重要性，以及与之相关的社会想象和愿景的相关性。正如贝拉多和米兰(Beraldo & Milan 2019)所澄清的那样，第一个要素突出了基础设施和物质管理以及富有成效和深刻的政治作用。数据基础设施的局限会约束数据行为主义的发生(Gutiérrez 2018)，并且可以利用各种数据的生产和收集来对抗现有的权力关系(Elmer, Langlois, Redden 2015)。纵观历史，社会运动总是与媒体基础设施合作，以满足他们自己的需求和政治目标(Milan 2013)。在这种情况下，媒体基础设施应被理解为"事物以及事物之间的关系"(Larkin 2013)，唤起"一种有意识、结构化的实体组织，这种组织旨在达到政治目的和政治效果"(Maeckelbergh 2016)。通过他们的实践，活动家可以重新解释和重新利用现有的网络、工件和基础设施，或者他们可以创建通信系统和网络的自主替代方案(Milan 2013)。前一种情况涉及与数字网络和社交媒体的互动，这些网络和社交媒体是在资本主义制度下以利润为目的发展起来的，但可以被利用以促进社会正义，并挑战这些平台起源的同一体系的支柱(Gerbaudo 2017)。后一种情况包括创建社区无线电和Wi-Fi网络，部署自治蜂窝系统、独立媒体中心(如 Indymedia)或基层互联网服务提供商(ISPs)等。这些自主的基础设施嵌入了与企业平台不同的价值观和政治理解。基础设施建立是为了服务于创造它们的运动，并尊重创造者(数据来源者)的原则和权利。

111

活动家参与数据化的第二个要素是社会想象和政治愿景的相关性(Barassi 2015；Treré 201)，这一要素被归因于(并铭刻在)数据行为主义的不同概念中(Lehtiniemi & Ruckenstein 2019)。构建更公正的数据未来取决于我们想象如何以不同的方式使用数据系统，来培养社会正义和政治参与的能力。在这里，想象力应该被理解为一种激发和激励行动的社会、集体和创造性力量。纵观历史，抗议运动一直是重构社会价值观和实践以及预言艺术的先驱，也就是说，抗议运动可以预见未来理想世界。预言与传播密不可分，预言通过特定历史背景下可用的技术基础设施和技术来实现。然而，数据行为主义不应仅仅局限于对数据的重新利用或重新想象，还应该被视为对首先使用数据系统前提的挑战。为了进一步澄清最后一点，将引用贝拉多和米兰(Beraldo & Milan 2019)在"数据作为利害关系"和"数据作为指令表"之间的区别。在前者(以数据为导向的行为主义)定义中，数据是"假设的主张中的主要利害关系"。在后者(数据驱动的行为主义)定义中，它们被纳入社会运动和活动家的行动范围内(Tilly 2008)，"与其他更传统的抗议和公民参与形式共生"(Beraldo & Milan 2019)。这种双重表述将数据行为主义视为数据正义的一个组成部分，包括重新定义数据化以改善我们的社会，并质疑其部署和应用。

学者们揭露了与种族、性别、地位、阶级以及这些制度所体现和加剧的各种形式的压迫和歧视有关的有问题的假设和决定(Barocas，Selbst 2016；Eubanks 2018；Hargittai 2020；Hintz，Dencik，Wahl-Jorgensen 2019；Noble 2018；O'Neil 2016b)。与此同时，越来越多的运动和组织(算法观察、算法正义联盟、阿达·洛夫莱斯研究所、黑人生活数据等)关注数据，将其视为利害关系，发展各种形式的行为主义，这些行为主义强调平台权力的破坏性影响，以及数据系统和数字平台专用算法经常产生的一些偏见。这对上述系统在更结构性层面上的部署提出质疑，不仅有助于重新调整数据化进程以满足社会正义需求，还对数据化应用的必要性和必然性提出了挑战。

112 　　在接下来的部分中，我们将阐明活动家如何重新利用数据和算法来实现其社会正义目标，分析数据行动主义的两种核心表现形式。我们首先探讨了在数据时代流动统计促进社会变革的实践，例如所谓的国家行动主义(statactivism)(Bruno & Didier 2013)，即反数据行动，更具体地说，是反映射。然后，我们专注于社会运动中(Tilly & Tarrow 2015)有争议的类目，这些类型进步性地参与到了算法与社会正义的斗争中。

第三节　反数据行动

　　"反数据行动"的概念是由批判性地理学家道尔顿和撒切尔(Dalton & Thatcher 2014)创造的，指的是对霸权数据集的抵抗行为，起源于两位学者在关键地理信息系统(GIS)方面的工作。柯里等人总结他们的工作，将反数据行动视为一种数据分配行为，这种行为中，个人通过干预方式质疑数据集的真实性，并据此建立自己的指标(Currie et al. 2016)。反数据行动代表了学者们传统上称为"数据行动主义"的最新形式。这个术语是由政治学家布鲁诺和迪迪埃(Bruno，Didier 2013)通过合并"数据"和"行动主义"这两个词来表示出于社会变革目的的社会动员和创造统计数据。布鲁诺、迪迪埃和维塔莱(Bruno，Didier，Vitale 2014)解释了"数据在代表现实和批评现实方面的双重作用"。数据统计一直代表着有争议的领域，因为数据统计工具是"产生共享解读"的关键"现实"(Bruno，Didier，Vitale 2014)。历史上的集体行动形式不同地依赖于数字、变量、指标和衡量标准来揭露、谴责和批评权力。反数据行动包含各种操作和实践。例如，康罗伊(Conroy)和斯卡萨(Scassa)通过数据收集建立模型对费城的性侵犯行为发展情况进行报告和批评，并且他们还提出了更可靠和公正的模型(Conroy，Scassa 2015)。还有一个例子是柯里等人在他们对洛杉矶反数据行为和公民数据的研究中分析黑客马拉松现象，研究人员、市民和社区成员被邀请参加这项调研，"以确定涉及警察介入凶杀案的数据中存在的局限性和挑战，并提出从这些指标和统计数据中获取意义的新方法"(Currie et al. 2016)。另一个例子是亚特兰大一个基层经济适用房倡导组织——美国西区亚特兰大土地信托(Westside Atlanta Land Trust，WALT)的反数据行动，由孟和迪萨尔沃(Meng & DiSalvo 2018)记录。正如这两位美国学者所指出的那样，"基层数据的不准确性提供了一个空间，使得 WALT 成员能够在采取行动以挑战基层数据的完整性和真实性，然后实现并随后进行扩展以重新审视他们的知识和自己收集数据的能力"(Meng & DiSalvo 2018)。

反数据映射[①]是反数据运动的子集。它是活动家参与数据行动的一种重要形式，这种形式展示出数据运动社会活动家如何通过创建自己的"反追踪地图"、计数器图和子交替数据映射来对抗数据带来的边缘化和压迫问题。哈里斯和哈辛(Harris，Hazen 2006)将"反映射"定义为"从根本上质疑制图惯例的假设或偏见，挑战制图的主要权力效应，或以破坏权力关系的方式进行制图的任何努力"。通过反数据映射，活动人士重新思考映射中涉及的关键要素，揭示其蕴含的社会结构和政治结构。通过这一过程，他们揭示了通过映射过程被掩盖或放大的不公正。这些

① "反数据行动"部分所依据的研究得到了湖首大学 SRC SSHRC 研究发展基金赠款，Romeo File #1468486(加拿大)，PI Sandra Jeppesen(湖首大学)和 Co-I Emiliano Treré(Cardiff University)的支持。

113

不公正可以附着在构成地图的各种要素上。这些要素包括数据来源、选定地理区域、数据构建、数据固有解释和数据可视化等(Evangelista、Firmino 2020)。数据活动家可以想象、设想和制定可替代的反映射表达、现实和结果。

为了更好地理解反数据映射和数据正义之间的联系,我们需要调查映射的殖民历史,这些数据以映射(地图)形式收集是一种可以追溯到 15 世纪的做法。这种做法跟权力和统治问题有关,因为制图师代表其帝国权力收集有关土著人口的数据,并据此剥削印第安人的资源,达到"加强帝国权力的统治地位"的目的(Willow 2013)。正如批判性媒体教授和活动家多萝西·基德(Dorothy Kidd 2019)所表明的那样,这些做法在加拿大特别明显和强烈,加拿大是一个建立在掠夺主义经济和剥削土著人民基础上的殖民国家。在这种情况下,地图在 19 世纪被掠夺者部署为管理剥夺财产的学科技术。今天,正如基德所描述的那样,石油和天然气行业已经完善了这些制图实践,并且这些实践仍然在国内和国际业务中得到广泛应用。但与此同时,当地土著居民第一民族(德内族)使用反测绘(映射)策略作为其复杂竞争的一部分,以打击掠夺者的行径。为了展示与过去的连续性和中断性,基德比较了在土著人抵抗石油管道修建的两个周期中使用反制地图的情况,即 20 世纪 70 年代德内人和因纽特人部署的反测绘运动,以及目前在 Unist'ot'en 印第安部落和赛克维派克(Secwepemc)反管道运动中的使用。该学者表明,土著居民的反测绘行为为我们更全面地理解数据正义提供了关键的经验教训。更具体地说,基德的分析说明了"反映射本身为何永远无法为长期的政治组织所替代"(Kidd 2019)。从更深远意义上讲,基于数据活动家和学者萨沙·科斯坦萨-乔克(Sasha Costanza-Chock)的研究,基德展示了反数据映射策略如何"提供数据行动主义的例子,这些例子中的运动融合在更大的再分配、变革性和恢复性正义运动中,这些运动都致力于获得解放而不是模仿资本主义市场"(Costanza-Chock 2018, n.p.)。这个例子表明,需要始终将数据行动主义的形式定位在更广阔的数据正义框架内。社会数据行动镶嵌于先验的社会条件、复杂的抗议文化、充满争议的类目和既定的政治组织方式中。反制地图在非殖民化地理中的重要性已不再仅仅局限于加拿大(Radcliffe 2022)。例如，在巴西，原住民们正在按群体绘制"失去亲人的土著人民"的人数(Emergencia Indigena 2020)，以对抗各种形式的数据殖民主义(Ricaurte 2019，详见本书第三章)。他们的地图(映射)使生活在城市中心的土著人被看见，这些土著人通常不被殖民结构计入土著数据。其他学者也绘制了拉丁美洲的社会正义倡议地图，以了解流行病集体行动的特点(Duque Franco et al. 2020)。

新冠肺炎疫情为探索有争议的数据映射提供了一个范例，这一数据映射活动由两个方面组成：一方面，政府机关对机构数据映射的对比叙述，另一方面是通过数据活动家、技术集体、社会运动和实地社区绘制的有争议性数据映射。政府经常部署数据可视化图像和地图以影响公众行为，这些数据映射中包括病例、趋势和死亡人数等因素。但政府的数据映射依然存在问题。例如，它们通常基于各国不可比的数据类型、不同的报告标准和时间框架以及非标准化的数据映射，这导致虚假陈述频发(Kent 2020)。此外，麻省理工学院的计算机科学家已经表明，各种新冠肺炎疫情的数据可视化造成依赖于复杂数据技术的、表面上看起来十分可信的虚假信息的病毒式传播，以及大量非正统科学(伪科学)疫情信息泛滥(Lee et al. 2021)。

与这些形式的自上而下的制图相反，数据活动家利用数据来生成自己的数据集、地图和可视化图像增强社会正义并实施社会变革。因此，他们创建新冠肺炎疫情地图来反馈问题并推动创造性的社区行动。新冠肺炎疫情反数据映射背后的动机是多样的。全球新冠肺炎疫情地图的主导视觉叙述常常互相矛盾，活动家努力打破这种局面。他们尽其所能从不被看见的社区中回收主导可视化叙述所缺失的数据，并旨在从边缘提供更具代表性和细致入微的表示(Milan & Treré 2020；Milan, Treré, Masiero 2021)。通过反制地图，数据活动家还揭示了某些区域是如何被压制和隐形的，而另一些区域则在病毒方面被过度突出。此外，数据活

114

动家还邀请人们提交自己的地图以展现他们被封锁的经历(Bliss & Martin 2020)。这些地图为大数据政治提供了至关重要的信息，因为它们重新构建了新冠肺炎疫情对特定、被忽视和边缘化地区和人群影响的叙述(Kent 2020)。关于这方面的一个明显表现，可以在菲尔德(Field 2020)展示的一系列地图中找到，这些地图以不同方式精确地显示相同数据，揭示出制图者在地图绘制过程中作出的决策，以及该决策背后蕴含的、在地图中被放大的社会政治理念。

反数据映射作为数据行动主义的一种形式，揭示了地图(一种与数据可视化相关的形式)是如何在社会和政治上构建的。它阐述了社区、运动和活动家如何重新构建、重新思考和重新配置它们，以在视觉上放大被剥夺权利和边缘化群体的声音。这些反映射可以促进公众对种族、性别、暴力和压迫问题的关注。它们可以刺激政治干预、变革、抵抗和行动主义，并加强不同形式的社会正义。

115
第四节　算法政治与行为主义①

数据系统和算法系统相互纠缠，它们代表了竞争参与者博弈的战场。数据代理和算法代理也是紧密相连的。正如数据学者泰娜·布彻(Taina Bucher 2017)完备地指出，"算法控制人，但人们也会利用算法做事"。近年来，学术界的注意力已经开始倾向于分析人们"抵制、颠覆和违反算法最初目的，并将其用于相反目的的工作"的背景和情况(Kubitschko 2017)。因此，算法政治可以被视为数据政治的子集之一，算法政治关注不同群体如何根据算法适应和行动以实现其政治目的(Treré & Bonini 2022)。借用贝拉多和米兰(Beraldo & Milan 2019)的说法，我们可以将算法政治分为两部分，一部分是"算法制度性政治"

---

① 本节中提出的反思部分基于 AlgoRes 项目，该项目由卡迪夫大学的 Emiliano Treré (英国)和锡耶纳大学的 Tiziano Bonini(意大利)共同领导。

(institutional politics of algorithms)，即试图"自上而下"(主体包括国家、机构、公司)利用算法采取行动的部分；第二部分是"算法争议性政治"(contentious politics of algorithms)，它表示上述第一部分中的所有做法都是由社会运动和活动家"自下而上"发起。举例说明，"算法制度性政治"包括部署与全球"计算宣传"(computational propaganda)现象相关的政治机器人，被伍利和霍华德(Woolley & Howard 2016)定义为"那些希望使用信息技术进行社会控制的人部署的最新、最普遍的技术策略"。在这种背景下，近年来政治机器人变得越来越重要。它们被描述为"在社交媒体上运行的算法，旨在向真人学习和模仿，以便在各种社交媒体和设备网络中操纵公众舆论"(Woolley & Howard 2016)。这些机器人在全球范围内越来越多地被用来操纵公众舆论、传播意识形态、制造沉默螺旋、人为地提高意识形态流行度并破坏进步行动主义形式的稳定(Treré 2016)。

　　"算法争议性政治"指的是当代数字行动主义如何在脸书、推特、YouTube、TikTok 和 Instagram 等算法中介的环境中被逐步重塑。凭借其规范、准则和功能支持，这些空间正在为集体行动和社会运动在更深层次上运作作出贡献(Dolata 2017；Milan 2015)。这些平台以各种方式促成和限制数字行动主义的实践，并已成为德国社会学家乌尔里希·多拉塔(Ulrich Dolata 2017)所称的"集体行动的社会技术构成"。这意味着，一方面，平台收集和利用用户留下的数据，并确保对其活动的无缝监控。另一方面，平台的技术协议、界面设计、默认设置、功能、代码和通用算法结构也为活动家的实践所影响。在这种背景下，社会运动的集体行动的特点正在发生变化。在数据化时代，社会运动的关键是了解算法的工作原理，并尝试利用它们来实现政治目标并追求社会变革和正义(Treré & Bonini 2022)。通过了解算法如何约束或实现集体行动，数据活动家将算法转换成"算法战术武器"(Kant 2020)。数据活动家的行为揭示出算法结构似乎并非坚不可摧的巨石，而是可以被利用来寻求机会追求社会正义目标，并部署替代形式抵抗的武器(Velkova，Kaun 2021)。

116

正如它的名字一样,"算法争议性政治"是一个极富争议的领域,进步和压迫力量都在努力利用算法中介提供的机会。来自蒂尔堡大学的数字媒体学者伊科·马里(Ico Maly 2019a、2019b)使用"算法的行动主义(algorithmic activism)"的概念来解释最近弗兰芒极右翼行为主义(far-right activism)运动"Schild & Vrienden"的崛起。马里仔细分析了这场运动中的"算法活动家"如何战略性地利用社交媒体的提供来实现他们的目标,"提高继承人人气排名"并使他们的内容进行病毒式传播(Maly 2019b)。操纵或劫持推特等社交媒体平台算法是世界各地另类右翼(alt-right)支持者实践中最引人注目的特征之一。计算机科学家尼基塔·贾因及其同事(Nikita Jain, Agarwal, Pruthi 2015)将"标签劫持"(hashtag hijacking)定义为一种使用主题标签来传播不相关内容、垃圾邮件或负面情绪以玷污预期动机的做法。这在 2016 年美国大选(Marwick, Lewis 2017)期间变得明显;同时,另类右翼团体共同努力,通过建立大量虚假账户来使标签成为趋势。其他做法包括"劫持"进步运动(如#BlackLivesMatter黑人的命也是命)的现有主题标签。通过发布批评"黑人的命也是命"的信息,另类右翼活动家削弱了"黑人的命也是命"运动支持者使用标签有效连接其叙事的能力。

数据正义的一个关键原则是培育"替代想象(理想范本)",这种"想象"不仅要阐明挑战,还要揭示机遇。通过将算法整合到他们有争议的问题中,世界各地的社会运动也证明了算法的力量可以被重新利用来加强社会正义和政治转型。例如,当代活动家可以玩转、劫持和重新利用这些算法,在媒体生态中引入和传播替代叙事。在他们的《标签行为主义》(Hashtag Activism)一书中,传播学者杰克逊、贝利和威尔斯(Jackson, Bailey, Welles 2020)探讨了边缘化群体如何使用推特来推进反叙事、先发制人的政治旋转并建立强大的网络异议。这些学者调查了"#MeToo""#GirlsLikeUs"和"#BlackLivesMatter"等标签的使用和传播。这些标签通过叙事展示了数据行为主义挑战对性别和种族的主流理解、建立联盟和制定战略的力量。同样,传播学者加利斯和纽梅耶

(Galis，Neumayer 2016)在对希腊和瑞典数字抗议的比较研究中引入了"网络物料转移"(cyber-material détournement)的概念。有了这个概念，两位学者提到"活动家和网络物料参与者的联盟和集团不仅进行激进的政治活动，而且还重建了政治参与和组织的本体论"(Galis，Neumayer 2016)。其他作者使用术语"算法阻断"(algorithmic resistance)和"算法挪用"(algorithmic appropriation)来解释社会运动与算法的互动通过新型 117
"混合媒体行动主义"追求社会转型和政治变革的现象(Treré 2015、2019)。

　　因此，社会运动可以与算法建立联盟，以实现其社会正义目标，这表明活动家正在有效地将数据和算法整合到他们的抗议活动中。墨西哥过去十年的情景为研究这些形式的行动主义提供了一个相关的例子。自20 世纪 90 年代萨帕塔(Zapatista)主义兴起以来，墨西哥一直是既有制度性又有争议性的数字政治形式的新型"实验室"。在过去十年中，该国见证了与宣传和镇压相关的算法政治制度形式的急剧增长。自 2010 年以来，社会活动家和社会组织经常谴责各种形式的有问题的算法政治，包括对社交媒体的算法攻击，这些攻击与抗议将持不同政见者定罪或隔离有关。在这种情况下，墨西哥经常出现各种形式的算法行动主义，以揭露包括镇压、宣传和操纵在内的政府算法策略。墨西哥科技集体、社会运动和数据活动家正在开发算法行动主义的策略，以揭露和尝试调整政党和政府的制度战略。

　　举个例子，墨西哥博客作者和数据挖掘专家们，如阿尔贝托·埃斯科奇(Alberto Escorcia)，构成了新一代的"算法活动家"。这些算法活动家在过去十年中一直在观察和记录墨西哥算法推送、"网络喷子"和虚假个人资料的兴起。埃斯科奇在他的数字平台"LoQueSigue"（"WhatFollows"）上发表了他的分析(Escorcia，O'Carroll 2017)，他仔细剖析了数次政治活动中政府通过防止信息传播，同时采用自动向抗议支持者、记者和知识分子发出死亡威胁的策略来破坏抗议活动。依靠 Flocker 和 Gephi 等社交网络可视化工具，埃斯科奇找到了通过检查推特账户与其他用户的连接数量来检测机器人账户的方法。在他的视频中,他向公众解释了机器人在墨西哥的政治影响,从而消除围绕这些算法攻击的不透明性。这位活动家发布了他对标签、趋势和数据的分析,并分享了有关社交媒体策略的有效信息,以便活动家对抗算法劫持。这些策略包括需要始终在推特上发布新鲜内容,因为该平台奖励新颖性。此外,他强调,活动家必须在他们的网络中建立牢固的联系,从而通过算法的"真正联系"检测,而不是被检测为"机器人"而遭遇封号。埃斯科奇还建议构建一些与抗议相关的主题标签的迭代版本(例如使用数字,如著名的墨西哥活动家标签"YaMe-Canse",后来成为"YaMeCanse1"和"YaMeCanse2")。这种策略旨在避免政府的"机器人军队"试图使用"噪音"淹没推特上的真实对话(即用大量不相关的信息淹没抗议主题标签,通常与色情或暴力内容有关,然后被标记为垃圾邮件并被平台封锁)。通过构建与抗议相关的标签的迭代版本,活动家可以将对话转移到其他地方,并避免受到试图压制、混淆和破坏数据活动家实践的政府算法策略造成的破坏。墨西哥西尼亚实验室(Signa Lab)位于瓜达拉哈拉,隶属于瓜达拉哈拉耶稣会大学(ITESO),自2017年以来一直在研究和试验数字方法、工具和可视化技术,以了解(和改进)数据和算法在当代墨西哥民主生活中的作用。实验室的研究人员和活动家在关键争端和政治活动期间,监控和分析了墨西哥平台生态系统上的数字信息流,以了解公共话语如何受到可能损害民主的算法逻辑的影响。该实验室的一项任务是生成易于阅读的可视化效果,向公众传达其见解,并揭示算法政治的实质性影响。

西班牙"15M运动"是另一个有趣的例子。这场运动是一个政治沟通实践和公民参与动态的创新"实验室",有助于重新配置民主本身(Flesher Fominaya 2020),从根本上改变西班牙的传播行动主义(Barbas, Postill 2017)并导致深刻的社会文化变革(Feenstra et al. 2017)。通过战术性地采用社交媒体和算法的"黑客"(西班牙语原文中的"hackear"),该运动能够传播信息、组织抗议活动,建立强有力的叙事并塑造国家和国际期刊报道(Candón Mena 2013)。西班牙活动家引导的算法行动主义最具说明性的策略之一是在推特上预先安排和创建热门话题(Treré 2019)。这种策略的媒介渠道包括混合采用内部通信技术和企业社交媒体。内部沟通工具，如 Titanpad，被用来集体讨论和选择一系列可能成功吸引注意力的标签，以建立运动的叙述。一旦选择了主题标签，就会相应地创建一系列潜在的推文，并通过各种技术资源的组合与其他活动家共享，包括推特上的直接消息、即时消息服务(WhatsApp、Telegram、Signal 等应用程序)和邮件列表。各种社交媒体平台被用来大规模传播信息并达到预定结果。这种策略成功的前提是对算法工作方式的深刻认识，并具备反制知识。这种意识是通过活动家的多次反复试验获得的，他们不断努力了解不同的社交媒体算法如何运作，以满足自己的需求。关于推特，活动人士提出了与埃斯科奇类似的建议：主题标签的新颖性和吸引力；需要同时发推文，并通过建立"真正的"活动家网络来避免机器人。

　　这些经验表明，抗议运动通过利用社交媒体算法提供的机会来实现各种目的，从而参与算法行动主义的策略。首先，他们谴责、揭露和挑战虚构的不公正，为自己的声音和叙事夺回空间。其次，他们这样做是为了吸引主流媒体的注意力，并提高他们在主流媒体公共领域中的知名度和影响力(Maly 2019a & 2019b)。再次，他们这样做是为了锻炼和加强他们的"叙事能动性"(Yang 2016)，即以自己的方式讲述他们的故事并构建事件和经历的能力，正如全球运动"占领华尔街"(#OccupyWallStreet)、"黑人的命也是命"(#BlackLivesMatter)和反选举腐败的"我是 132"运动(#YoSoy132)所证明的那样，也正如社会运动学者图菲克希(Tufekci 2017)所强调的那样，最强大的社会运动是那些能够发展"叙事能力"的运动，即能够吸引公众注意力，并且在政治辩论中进行新的议程设置或构建全新框架的力量。在大数据和算法时代，算法行动主义是发展这种能力的关键策略。最近的例子表明了这种类型的数据行动主义的蓬勃发展：特朗普集会活动的大规模作弊票注册(Lorenz, Browning, Frenkel 2020)；利用 Instagram 软件功能的 Power Point 激进主义实例(Nguyen 2020)；韩国流行文化(K-Pop)的粉丝对右翼标签的泛滥，例如

119

"#whitelivesmatter"和"#bluelivesmatter",用粉丝内容压制了种族主义和侵略性的声音。新一波的算法行动主义表明,抗议者正在将新的平台和实践整合到他们的多方面类目中。政治活动家正在与喜爱韩国流行文化等的全球粉丝合作,在他们的社会正义斗争中建立新的活动家联盟。虽然算法行动主义在推特上融入了标签行动主义的实践(Jackson et al. 2020),但它包含一个更广泛的平台生态系统和超越对标签依赖的策略。例如,麻省理工学院教授凯洛格、瓦伦丁和克里斯汀(Kellogg, Valentine & Christin 2020)使用"算法行动主义"一词来应对工人抵制算法控制的个人和集体策略。随着算法越来越多地渗透到我们的生活中,这种行动主义变得越来越普遍,并且不仅开始定义社会运动的实践,而且定义更广泛的社会领域中越来越多的公民实践(Treré & Bonini 2022)。

最后,应该强调的是,将算法整合到当代运动的争论中并不是一个天衣无缝的行动,而是一种充斥着问题和摩擦的做法。例如,丹麦研究员朱莉·乌尔达姆(Julie Uldam 2018)概述了国家和企业监控的风险如何渗透到这些平台中,并可能对活动家的生活产生负面影响。同样,数字媒体学者埃特尔和阿尔布(Etter & Albu 2021)已经证明,社交媒体算法可能会对抗议者产生有害后果,因为他们经常在不知情的情况下将自身暴露在过载、不透明和虚假的信息中。

第五节 结论:理解数字行为主义
——数据正义的关键组成部分

本章展示了社会运动与数据和算法的互动过程。我们研究了社会运动与数据之间的相互塑造,揭示了数据化社会中正在被建构、想象和实践的代理类型和社会变革形式。我们已经表明,研究社会运动的实践对于理解基础和挑战以及数字正义发展的方向至关重要。纵观历史,社会运动对于社会、文化和政治的变革发生过重要影响,在面对日益加剧的

120

不平等、不公正和技术野蛮生长环境的背景下，社会运动的作用尤为重要。同时，这些运动处于创建独立媒体基础设施的最前沿，因而也是我们理解技术体验和创新的核心。抗议运动代表着一种个性的思考方式，这种思考方式对民主、平等和正义有着不同的理解，它们设想和实施了全新的使用数据和算法的方式。数据行动主义是理解数据正义的关键部分，因为它吸引人们的注意力，在这个越来越数据化的时代，去关注数据运动是如何持续性地形塑我们所生活的世界。也就是说，它提供了一条我们可以培养另类社会学想象力(理想范本)的新途径，并通过借鉴社会运动的历史，他们的活动方式以及他们长期的技术参与和实验轨迹，正在沿着讨论当前社会存在的不公正问题以及克服方法的方向展开。

通过评估数据行动主义的两种关键类型——数据映射和算法行动主义——的几个例子，我们反思了自下而上的数据参与所具有的动态、障碍和机会，解读了这种现象的双重表达(Beraldo & Milan 2019)。一方面，数据行动主义是关于重新定位数据化并使用数据和算法作为特征。因此，数据行动主义挑战现有的权力关系，激活数据以增强社会正义，并寻求改变我们的社会。当代社会运动和活动家组织抵制、颠覆、重新利用数据和算法。他们这样做是为了实现替代的社会想象，围绕数据培养不同的目标，传播他们的故事并放大他们的声音，以寻求建立一个更公正的社会。但是，为社会正义而动员数据和算法的事实只是围绕社会数据化正在进行的斗争的一个方面。使用数据来增强社会正义通常对挑战数据化的前提几乎没有作用(Hintz, Dencik, Wahl-Jorgensen, 2019)。因此，另一方面，社会运动和民间社会组织将数据作为筹码动员起来，并将反对官方数据系统的部署作为第一要务。因此，它们不仅有助于重新调整数据化的进程，以满足社会正义的需要，而且还有助于在更具结构性的层面上挑战其应用的必然性。

围绕数据的当代斗争同时在这两个坐标轴上进行：一方面，行动主义者将数据和算法作为其争论的一部分；另一方面，谴责数据系统的不平等、偏见、伤害和侵犯，并在更深层次上质疑它们的适用性和有效性。正如丹席克、欣茨和凯布尔(Dencik，Hintz，Cable 2016)所指出的那样，"收集、使用和分析数据需要纳入活动家的议程，不仅是因为他们要保护自己，也是为了实现他们想要进行的社会变革"。我们已经评估了大量民间社会活动家能够有效驾驭和连接这两个轴心的例子，并且这些例子反映出，社会运动是民间社会活动家和组织乃至整个社会拥抱数据正义，将数据正义作为在数据化和无处不在的算法系统时代实现社会变革的必要条件，即便是对于已为算法所驯化的人们，数据行为主义所表达的内容也是至关重要的。

121

第八章 数据与社会正义

正如本书所述，社会生活各个领域越来越多地仰赖数据驱动技术。
这种变化带来的影响，不仅是对社会资源获取和服务的重新配置以满足
人类的基本需求，而且更重要的是从根本上重新定义了人类理解社会的
认知，包括数据化社会及其中重要的内容和人类如何与之联系。数据基
础设施的建设不但扩展、改变了资本主义、社会治理和公民社会权力的
动态结构，也维护了社会秩序的现实和愿景。从这个意义上说，对数据
正义的参与，既是对南茜·弗雷泽(Nancy Fraser 2008)所说的"正义语
法"(grammar of justice)的参与，也是一场关于正义的内涵、对象和方式
的斗争，更是在数据化社会中推进结果公正的参与。因此，对数据正义
的思考不仅需要考虑如何在数据化方面推进社会公平正义，还需要考虑
在数据处理中如何构建和定义社会公正的术语。换言之，我们应该如何
理解在数据化社会中追求权利、平等、社会福祉和人类繁荣的要素。

显而易见的是，我们如何理解所处的社会与世界对于提出主张至关
重要。然而，在当下流行的正义理论中，传播系统、媒体和信息基础设
施往往被忽视，更倾向于关注政治制度和伦理道德(Bruhn Jensen 2021)。
尽管对后者的关注仍然十分重要，但制度性质和伦理道德的因素越来越
多地与基础设施联系在一起。正如本书所述，不仅是通信，还有更广泛

的社会生活的数字化和数据化，对于理解商品分配、社会分层、待遇和生活机会愈加关键。将数据用于资本、控制、捕获和竞争，需要对数据化进行明确的政治参与，既要考量实现数据化的条件，也要考量其产生的权力。因此，谈论数据正义不仅要认识到数据、数据的收集和使用如何对社会产生越来越大的影响，而且要认识到当前的数据化趋势推动了如何理解和解决社会问题的规范愿景。换言之，数据既关涉正义的问题；它不仅体现了正义的过程和结果，也体现了数据自身的正当性。

因此，在本书最后一章中，将对本书中所概述的一系列发展和问题予以评估，并讨论其对社会正义的意义。重要的是，本章并非以哲学的视角来回应数据正义，而是围绕媒体、信息和通信技术在传统社会中的定位来讨论社会正义。故而，本书所指的正义不是一个稳定且普遍的概念，而是以数字化的生活经验和数据处理实践作为基础的关键主题。之所以选择这一视角，是为了能够围绕受数据处理影响最大的人的担忧来展开数据正义的讨论，这些人往往是在数据化产生和发展的历史与社会背景所赋予的特权下最难表达诉求的群体。因此，本章将首先简要回顾关于正义与信息、沟通和媒体相互影响的观点，这些观点为数据正义奠定了基础。其次，本章提出超越政治理论家艾利斯·马瑞恩·杨(Iris Marion Young 2011)所称的"正义分配范式"(distributive paradigm of justice)来论证，通过"反规范的正义"(abnormal justice)(Fraser 2008)的视角来看待数据化，关注的是正义如何被理解、辩论和推进的条件。通过反规范的正义的方法，在这个多元正义理论框架下，本章讨论数据正义在政治和社会影响方面的重大意义。数据正义不仅关涉数据化中利害关系的参与，也是为了探索可能的适当的应对措施。尤其是，数据正义作为社会正义理论的一部分，参与潜在的权力动态结构和社会变革的条件。正是本着这种精神，本书认为关于数据正义的讨论对于理解和推进当今社会正义是有价值的。

第一节　信息、沟通与媒体正义

在关于信息基础设施和传播过程的研究中，常常包含对正义的关切。布鲁恩·延森(Bruhn Jensen 2021)认为，信息和传播在许多关于正义的政治哲学中被忽视，而传播研究领域也倾向于回避对"什么是善或正义"问题作规范性断言。这一问题的出发点是探索信息传播的制度条件，研究大众媒体支持公众审议和辩论的潜力，同时以群体间和跨文化关系为导向的传播情景实践。将信息传播作为正义的组成部分并通过正义理论得到证实，这是对社会应该如何组织制定不同愿景的条件。然而，随着社会日益信息化(Castells 1996)，人们越来越关注信息和通信技术在程序和实质性正义理想中的概念化地位。

信息研究是理解信息和通信技术在正义中的作用的重要方法。该种研究试图将信息视为一种资源或一种商品，故需要遵守决定其在社会中公平分配的程序(Hoffmann 2017)。这种理解与约翰·罗尔斯(John Rawls 1971)的"正义即公平"概念吻合。罗尔斯将社会契约概念扩展至更广义和抽象的层面，将其作为一种正义理论。他认为，正义的原则并不建立在任何特定的美德概念上，而是建立在每个人选择其美好生活观念的自由之上(Sandel 2010)；他关心的是通过建立一个公正的制度框架，来让个人可以随心所欲地生活(Cohen 2008)。正如信息研究学者安娜·劳伦·霍夫曼(Anna Lauren Hoffmann 2017)所述，在当代自由民主社会的基本结构中，罗尔斯试图将其正义原则应用于"基本制度"，包括宪法及其所定义的政府制度、规范商品使用的财产制度以及分配生产资源的经济市场制度。

霍夫曼(Hoffmann 2017)概述了罗尔斯的正义理论在信息研究中的不同作用。尤其重要的是将其理论适用于信息正义的描述，试图对信息产品的公平分配进行系统解读(Britz 2008；Drahos 1996；Hoffmann 2017； 126

van den Hoven, Rooksby 2008)。在这种解读中，"信息应该被视为首要利益，因为其是理性生活规划与促进信息或后工业社会中人类利益的组成部分"。根据这一解读，"信息应该被视为一种基本善，因为它是理性生活规划和在信息社会或后工业社会中促进人类利益的组成部分"(Hoffmann 2017)。这体现在信息获取的权利与其他基本自由并列。与此同时，信息具有经济价值，使其受制于特定的产权安排，而根据罗尔斯的正义理论，前述产权安排应该有利于最弱势的群体。例如，在关于知识产权主张的纠纷和推动更民主的信息市场中体现出来。正如本书第六章所述，这样的理解构成政策辩论的重要组成部分，也与数据相关。

对利益分配和权利主张的重视已经扩展到信息、传播和媒体研究领域。除了个人信息权以及思想、言论和结社自由方面的正义内涵之外，将媒体和通信系统理解为社会利益，并将之定位为需要超越市场监管和免受私人利益侵犯的对象。罗尔斯的正义理论在这些辩论中并没有起到突出作用，尽管他提到了公开、审议和推理，这些都暗含对信息传播过程及其在程序和实质正义中的作用。相反，正如布鲁恩·詹森(Bruhn Jensen 2021)所言，尤尔根·哈贝马斯(Jürgen Habermas)的传播学思想主导了关于媒体和传播系统本质的规范性辩论。尤其是哈贝马斯关于公共领域的结构转型、沟通行动理论，为关于沟通在正义过程和结果中的作用以及媒体应该如何组织提供了很大的动力。通过将媒体机构与公共领域的结构联系起来，哈贝马斯的理论为信息学者将信息系统与民主、自由的规范性问题联系起来铺平了道路。此外，哈贝马斯在理性和行动方面赋予沟通以特权，从而推动了以沟通条件为中心的伦理学解释，即沟通条件是正义的核心。沟通结构不仅制定了道德规范，而且沟通过程也是就公正结果达成共识的基础(Fenton, Downey 2003)。

当然，罗尔斯和哈贝马斯的观点也受到诸多批评，尤其是他们所采用的原则与理念难以解释实际存在的不公正状况，也没有解释实现这些原则与理念的条件。事实上，最近涉及信息、沟通和媒体技术的正义问题，关注重点已从抽象的正义观转移开。例如在经济学家和哲学家阿玛蒂亚·森(Armatya Sen)的著作中，他强调了不公正的实际情况及其结构动态。他认为，一种可以作为"实践推理"基础的正义理论，必须包括判断如何减少不公正和促进正义的方法，而不仅仅是针对完美正义社会的特征。正义评估中，对实际生活的关注揭示了正义理念的性质和范围。

在传播学研究领域，阿玛蒂亚·森运用"能力"方法，从人的生命和个人可以分别行使的自由的角度来理解正义。他认为，个人偏好并非自然产生的，而是社会形成的；人们始于不同的个体和其他资源，因此产生不同需求，也就需要不同的资源来实际地满足其偏好，或者可能选择不同的功能(Moss 2017)。尼克·库尔德里(Nick Couldry 2019)评论称，一方面，阿玛蒂亚·森对价值多样性的坚持(被理解为多元主义而非相对主义)特别有吸引力，因为其解释避免了罗尔斯和哈贝马斯正义理论中虚假的普遍主义；另一方面，阿玛蒂亚·森提出的"能力要素法"引导人们去思考，媒体和通信中哪些功能可能受到重视(例如不被歪曲、有发言权或识别的属性)，以及随着新信息基础设施的加速发展给这些功能带来的复杂性。

因此，阿玛蒂亚·森的核心贡献是将焦点从正义观念中的"分配范式"转移到更多地考虑社会正义的结构动态，以塑造人们能够和想要对自己的生活作出什么样的选择(Young 2011)。同样，女权主义和批判理论家南茜·弗雷泽(Nancy Fraser 2005)也试图拓宽在初级商品分配之外的正义视角，将(错误)分配的经济动态与(错误)承认的文化动态和(错误)代表的政治动态放在一起。通过赋予参与正义的特权改变"参与性平等"的轴心。这种方法在关于媒体正义的讨论中尤为突出，强调在政策辩论中需要超越对个人权利的关注，更明确地将媒体作为权力，也是本书一直强调的主题。换言之，媒体的参与重新定义了"被剥夺权利的社会与政治权力的关系"(Gregg 2011)。媒体正义的愿景要求将媒体改革倡导者和社会正义活动家聚集在一起，将媒体置于种族、经济和性别正义的关系中，以创建一个根本的媒体和社会变革的框架。从这个意义上而言，传播和媒体被视为社会正义的重要组成部分，媒体正义本身不是目的，而是可以追求和实现正义的条件。用社会正义活动家马尔基亚·西里尔 (Malkia Cyril) 的话来说："媒体不是问题所在。正义是问题所在。媒体是我们如何就正义问题进行沟通的基础设施。"(Gregg 2011)

第二节　数据化与反规范的正义

与信息、通信和媒体正义有关的长期传统对于理解最近关于数据正义的辩论很重要。正如本书所概述的，随着信息基础设施的数字化和数据化，关于数据正义的讨论得以进一步展开。例如，诸多学者将讨论的焦点都放在数据作为一种资源或具有经济价值的商品上，应该受到产权安全和市场监督的约束。此外，商业与公共决策越来越依赖数据基础设施，引发人们对审议、公共推理和偏好形成等问题的迫切担忧。本书还提出了一些关键问题，即人们如何理解世界以及社会内部的可能性，换言之，随着人们的活动和行为被转化为用于评估、预测和分析处理结果的数据点，除了可以满足基本需求，对价值、属性和社会认同进行推测，以及参与支配人们生活过程的条件都受到了质疑。因此，当谈及数据正义，要考虑到信息基础设施对社会正义的持续影响，以及这种影响日益增加的复杂性和权力动态。

为了理解这种复杂性以及数据化如何破坏对正义的假设，我们可以借鉴南茜·弗雷泽的"反规范的正义"相关概念。首先，通过"反规范的正义"，弗雷泽提出一种正义理论，将关注点从如何在一个公正的社会中分配商品，转移到如何理解、反思和推进正义的基础条件上。弗雷泽在反思全球化世界的到来时认为，"不仅是实质性问题，而且正义本身的文法，都悬而未决"。她提出了反规范性在整体上围绕三个主要节点集中发挥影响：(1)正义是"什么"(本体论)；(2)"谁"的正义(范围)；(3)正义的"怎么做"(程序)。利用这个框架可以分析数据化如何与这些不同的异常节点相交。换言之，数据化如何扰乱正义语法(正如弗雷泽所指出的，在世界事务中，反规范往往是一种规则，而不是例外)。

　　这里的"扰乱"具有双重意义：一般正义主张是如何因数据化而失去平衡；关于数据的正义特殊性是如何获得的。例如，当数据化断言什么是社会知识时，正义本体论的问题就浮出水面。库尔德里(Couldry 2019)认为，在数据化的背景下，随着选择的自动化和由凯伦·杨(Karen Yeung 2017)所描述的"超轻推"监管，用以推理价值的术语正在发生变化。我们所处的数据化环境越来越影响关于什么"算作"社会知识的理解，以及如何处理问题和解决方案的理解。与此同时，关于数据本身的正义本体论并未明确定义为商品、资源或财产问题，难以解释数据流的性质以及数据如何生成和赋予意义的内在社会性质。正如本书所述，数据在关系术语中具有意义，对其可能的见解在复杂网络中循环，这限制了具体化其价值的可能性。那么，我们可能不得不问，究竟"什么"是数据正义。

　　其次，在论及"谁"的正义时，弗雷泽概述了在特定事项中决策地点与正义主体之间的错位。尤其是随着全球化进程，世界上某一个地区的活动和决定对另一个地区的活动和决定产生重大影响，关于有限政体作为正义范围的假设已经被严重破坏。正如本书前几章所述，随着数据化出现，这种错位只会变得更加根深蒂固，因为数据类别之间的不对称性在数据主体和治理过程之间造成了新形式的错位。第二章和第五章强调了治理形式与公民身份是如何通过数据处理来调解的，通常很少考虑这与"国家—企业—公民"关系的重大转变中的实际经验符合或不符合。从这个意义上说，数据化积极地产生了与现有条件相关的外来术语的主体化形式，特别是在边缘化群体中。弗雷泽(Fraser 2008)认为，这种错位可能会削弱主体提出正义主张的能力。此外，正如本书第六章中对数据和政策框架的讨论，包括欧盟的 GDPR，围绕个人数据主体或几个数据主体的群体的权利锚定，难以解释个人数据如何与人口水平的影响联系在一起(Viljoen 2020)。换言之，我们如何理解个人与集体之间的关

129

系以及数据正义主张的范围。

最后，基于弗雷泽的第三个异常节点，即正义的"怎么做"，数据化可以被视为破坏了任何关于"什么"(本体论)和"谁"(范围)的标准或程序的共同概念。这种变化在前几章关于主权边界的变化中已有体现，从领土主权转向帕斯夸尔(Pasquale 2017)所描述的"功能主权"，即科技公司越来越多地承担以前与国家相关的治理职能。与此同时，解决争端的程序变得模糊或被取代。例如，如何解决数据驱动系统所带来的歧视性决策结果？或者更普遍地说，随着数据驱动系统越来越多地塑造生活，关于侵犯权利和自由的正义主张可以通过哪些途径得到维护？例如，在关于工程师角色的辩论中，或者在确定和确保"公平"的计算标准的主张中，体现了关于正义"怎么做"所发挥作用的不确定性。其他人则质疑，在数据驱动的决策过程甚至对设计或使用这些技术的人来说都是模糊或未知的，政府或法院等传统机构是否能够充分维护正义诉求。另外，社会运动和活动家在促进数字社会的正义方面发挥着关键作用，无论是颠覆数据化的主导模式，还是挑战和应对数据危害并采取行动，但也面临着重大限制。因此，就社会问题被认为有技术—法律或社会解决方案而言，数据正义的"怎么做"仍有待商榷。

允许数据正义的理想和实践本身成为不确定性的来源，这是认识到作为普遍主义话语的数据主义的多元价值观的一部分，也是将知识和经验减少为单一输出的动力。正如政治地理学家埃穆尔(Amoore 2019)所指出，尽管机器学习算法等技术包含多种疑问，但该算法仍然将这种多样性浓缩为具有数值的单一输出。此时，重申怀疑，或使怀疑可见，本身可能是对抗计算理性中固有的认知不公正的一种方式。通过将本书中概述的数据化的不同方面置于"反规范的正义"理论框架中，数据正义不仅仅是关于如何管理和治理数据以及信息基础设施，也是关注数据化如何影响所欲实现正义的方式。正如媒体活动家马尔基亚·赛丽尔(Malkia Cyril)所言，"问题在于正义"。数据正义必须面对这样一个事实，即数据化的实际利害关系尚未得到解决。换言之，数据正义的政治仍在继续。

在理解数据正义这一术语时，也要考虑到数据化的进步和影响。这意味着，在关于如何应对数据化挑战的辩论中，采用不同或互补的方法。最初对数据收集的大规模生成和处理分析的担忧，主要表现在公共辩论中对监控和隐私问题的强调，特别是在 2013 年斯诺登泄密事件之后(Hintz, Dencik, Wahl-Jorgensen 2019)。这见证了一系列旨在限制数据收集技术和政策举措的蓬勃发展，例如开发增强隐私保护的工具，将加密技术的使用主流化，以及围绕反监控问题进行游说(Dencik, Hintz, Cable 2016)。前面章节已经展示了这些举措如何推进了重要的抵抗手段，这些手段直接挑战了数据驱动的监控权力关系，并为个人管理其数据和数字生活参与各个方面提供途径。

然而，技术性自卫作为一种治理框架的进步受到个人用户保护自己隐私的责任限制。正如鲁珀特、伊辛和比戈(Ruppert, Isin, Bigo 2017, n.p.)所言，许多关于数据政治的描述都是以"超个人主义"的本体论为前提的，这种本体论蕴含着"最终由用户自己决定行为，以保护自己免受互联网黑暗力量的侵害"意味。因此在将反监控阻力的一些担忧转化为监管的过程中，个人数据保护已经成为特别值得注意的治理框架，例如欧盟的 GDPR。这种框架的前提是个人应该能够对收集到的关于其个人的信息主张某些权利，而收集这些个人信息需要某种形式的同意。从这个意义上说，该框架赋予个人数据主体特权，并将个人数据保护理解为不同于个人隐私，但又是对个人隐私保护的补充。如第六章所述，GDPR 为更广泛意义上的以数据为中心的技术铺平了道路，但其范围和可执行性仍然存在问题。

近年来，许多研究致力于推进"数字伦理"和"人工智能伦理"，作为应对的替代和补充框架。该领域涉及一系列不同的理论与实践，其中一些延续了长期以来的计算机伦理传统，同时将道德调查的抽象水平从以信息为中心转变为以数据为中心(Floridi, Taddeo 2016)。换言之，重点从关注如何将信息视为计算的输入和输出，转移到关注如何访问、分

131

析和管理数据，尤其是不一定涉及任何特定技术，而是数字技术操纵的内容(Taylor, Dencik 2020)。通常包括负责任的数据处理，考虑隐私风险、歧视和滥用的形式，确保透明度和问责制。

在将道德伦理转化为实践的过程中，行业、政府和社会中各种举措激增，这些举措以"道德"为框架，为以数据为中心的技术(特别是人工智能)的开发、处理和部署制定了不同的指导方针和程序。在政府举措方面，例如英国数据伦理与创新中心以及在欧盟内部建立的高级别伦理专家组，为概述与技术相关的伦理问题提供了一些途径。在民间社会行动方面，转向数据伦理，将其作为在各种背景下"永远"推进数据发展的一种方式。特别是技术部门本身积极参与进来，迅速建立协会，并为负责任的数据处理技术制定指导方针与准则。早期是"人工智能造福人类和社会协会"(Partnership on Artificial Intelligence to Benefit People and Society)，该协会由亚马逊、谷歌、脸书、IBM和微软于2016年成立，是一个非营利组织，旨在促进"最佳实践和公众理解"。这些公司多数也试图建立自己的伦理委员会，有时与学术界合作，取得了不同程度的成功(Naughton 2019)。

尽管对数据和人工智能伦理的关注，凸显了对数据收集与利用的担忧，将责任转移到开发者与数据控制者身上，但目前尚不清楚这些举措是否实现了任何真正的有效干预。政府机构主要作为名义上的监督机构而设立，没有任何真正的干预手段，使得民间社会活动家不得不基于抽象原则来规范行为，并仰赖行业的善意来维护这些原则。企业数据伦理举措侧重于"微观伦理"，以个体从业者为导向，强调合规性，避免触及底线(Taylor, Dencik 2020)。在某些情况下，这导致了"道德清洗"的指控(Wagner 2018)，即科技公司参与公众对其活动的担忧，同时继续规避监管或维持其商业模式。此外，通过积极地占领伦理空间，创造、开发这些技术并直接从中获利的主体决定着社会理解问题的性质与适当应对措施的条件。因此，技术领域内伦理框架的应用往往与实际的数据集或算法本身相关，假设数据系统所产生的危害可以追溯至设计、应用中的"错误"或"偏见"，这些原因本质上有技术解决方案，最好是通过进一步的数据收集和算法来完善。

　　然而，围绕伦理挑战和算法偏见的日益激烈的辩论，促使人们将数据驱动技术视为影响社会生活的系统，这在新型的人工智能监管形式中很明显，例如强调"可信赖的人工智能"和基于风险的方法以最大限度地减少人工智能系统危害(Niklas，Dencik 2020)。但是，这些框架在多大程度上能够真正全面地参与数据化的社会影响，以及如何与正义相适应，仍然令人担忧。有观点更坚定地呼吁赋予权利，特别是人权。在数据治理中，借鉴人权立法，超越了隐私和个人数据保护问题，同时提供了比抽象的道德和公平原则更坚实的参考点。将国际人权作为与数据相关的框架，通过将其与特定权利联系起来，以适用于社会生活的不同部分，例如结社自由权或公平审判权，详细说明了潜在危害和机会的特殊性(Human Rights，Big Data and Technology Project 2020)。例如在开发或部署新的人工智能系统时，这些权利主张有助于为影响评估提供信息(Jansen 2020；Jørgensen，Bloch Veiberg，ten Oever 2019)。仰赖于普遍的职权范围，人权框架作为一项国际公认的协定也能有效地进行宣传，尽管这在实践中发挥的作用有限。例如，荷兰非政府组织起诉的一个案件(挑战在福利部门使用以数据为中心的技术)胜诉的部分原因是，该案件被认为是对人权的侵犯，并支持了其在初步数据保护影响评估之外对自动化系统进行评估的要求(Toh 2020)。

　　因此，从人权角度处理数据可以为更全面干预数据驱动系统提供途径，该系统涉及与人民生活有关的广泛权利。然而，国际人权的概念历来难以转化为成功的具体行动，而且常常被视为受地缘政治关切和国际关系的影响。此外，作为一个框架，从传统上而言是以个人、公民和政治权利为中心的，这难以解释集体权利，往往倾向于忽视社会和经济权利(Alston 2005)。伦理和人权都将正义限制在基于道德和个人权利的领域内，从而缩小了回应的范围。正如本书所论述，作为一种文化、政治和经济制度以及社会秩序的愿景，有必要与数据化发展所固有的系统特

133

征和权力关系作斗争。

第三节　数据化时代的社会正义动员

数据时代的社会正义动员借鉴了早期关于新闻媒体正义的传统，明确将新闻媒体定位为一个社会正义话题。目的并非关注媒体改革本身，而是将媒体学者与活动家、社会正义理论学者与活动家聚集在一起，以此来确定两个领域之间的协同作用，并更好地理解媒体和传播在争取社会正义中的作用(Jansen 2011)。特别是，媒体正义框架试图利用历史上被边缘化社区的见解和经验，以及世界各地社会正义激进主义的悠久传统，为媒体改革辩论提供信息。因此，媒体正义方法的一个关键贡献是提请注意在媒体和社会变革的努力中听到了哪些声音，以及哪些关切是最重要的。这种方法强调媒体系统的性质如何与社会正义运动错综复杂地联系在一起，呼吁在解决不公正问题时采用不同的媒体表现形式以及不同的所有权和治理结构。此外，呼吁不同的运动和群体，在传播权和社会经济权利方面，团结起来，在不同的经历中找到共同点。

同样，数据正义框架下，首先要认识到数据化的负担多数落在社会中资源贫乏和边缘化群体身上。这打破了关于强调大规模数据收集而出现的过于乐观的叙事，尤其是在斯诺登泄密事件之后，即我们都同样卷入了数字化社会。本书认为，数据正义的实现必须与数据化的发展、进步和影响的方式相抗衡，这取决于国内和全球深刻的历史社会与经济不平等。作为一个起点，这将焦点转移到了在理解什么是利害攸关的问题时需要集中的力量，并对当前决策表中如何谈论数据化的构成提出了挑战。作为一种方法，这明确驳斥了关于科技行业应该能决定的问题和解决方案，关于什么是"公平"应该限于通过计算确定范围的主张。比较有争议的是，这种观点声称有必要将数据动员转移到通信和数据权利组织之外。

134

根据甘加达兰和尼克拉斯(Gangadharan，Niklas 2019)提出的"去中心化"技术，围绕数据正义的动员需要将技术置于系统形式的压迫中，数据驱动系统产生的危害由那些主要受影响的人和有反抗这种压迫历史的人来阐述。换言之，对数据的关注要成为综合社会正义议程的一部分，问题和解决方案的定义实际上可能与数据无关。正如霍夫曼(Hoffmann 2019)认为，我们不能继续采用有利和不利主体的失败逻辑，以及理解数据危害和不公正的潜在结构性条件。

值得注意的是，作为基础设施、话语和实践的数据化，在不同背景下发挥什么功能、实现数据化的社会和政治组织，以及谁受益。例如，与其在机器学习系统或设计算法的数据集中定位与预测警务实践中与歧视相关的不公正现象，真正的挑战在于了解这些实践的实际情况。通过"更好"的系统技术对解决历史性和结构性的执法不平等与歧视性执法而言，几乎没有作用(Jansen，Sanchez-Monedero，Dencik 2021)。再如，利用人工智能在劳动场所的部署中"负责任"地管理工人，对解决传统中工人在发言权和劳动权上日益遭受结构性和制度性侵害的问题而言，几乎没有作用(Whittaker 2021)。或者，正如第二章中所讨论的，在政府使用自动化福利管理系统时，提高数据质量或算法设计并不能解决社会福利经常扩大对"不值得救助的穷人"的监视和污名化的问题。

本书第一章介绍了奥林·赖特(Olin Wright 2019)的"战略逻辑"概念，通过不同的行动计划来拆除支撑数据化权力的系统。第七章概述了数据化与行动主义交叉的不同方式。特别值得注意的是，废奴主义(abolitionism)中的数据正义形成，譬如"阻止洛杉矶警方监视联盟"和"数据促进黑人生活"等组织所阐述的倡议。因此，本书呼吁的不是更有效的技术，也不是用算法来解决所谓的偏见，而是呼吁认识到技术在资本主义剥削和国家暴力历史中表现出来的不平等现象及其产生的影响。呼吁剥夺具有压迫性和暴虐性的数据系统中的数据资源，禁止人脸识别等监控技术，并"废除用于测量和分析识别特定个人的大数据"，转而对社区进行再投资，以促进教育、就业机会和更好的住房保障

(Benjamin 2019；Crooks 2019)。

　　此外，压迫性技术系统与维持技术的劳动关系之间的关系引起高度关注。例如科技工人联盟(Tech Workers Coalition)重点关注劳工组织，以此培养技术人员与社会正义运动之间的团结力量。虽然在数字经济的许多领域，真正的工会化仍然是一个挑战，但是已经展开包括罢工和抗议劳动剥削与不公正技术的努力。例如2018年谷歌员工成功阻止了该公司参与美国军事项目"Maven"，这一项目旨在利用人工智能提高无人机监控能力。随后"反对大科技公司滥用职权运动"(#TechWontBuildIt)在其他地方展开类似行动，"反对技术暴君"(NoTech-forTyrants)等团体将行动集中在技术管道上，挑战大型科技公司的招聘流程，以及学术界与科技行业日益纠缠的关系。

　　上述不同的行动和组织围绕解决实际存在的不公正现象而团结起来。数据正义的动员是通过团结来培育的，团结的目的不仅仅是建立公正的制度，制定"自上而下"的正义，而是在目前存在的社会关系内部和通过调整社会关系来体现正义(Cohen 2008)。当决定社会应该如何组织和确定技术在社会的作用时，坚持团结显得前所未有的重要(Fenton et al. 2020)。甘迪(Gandy 2020)认为，这种政治动员正是数字社会所需要的，也是随着数据化进程而备受威胁的。由于行动与活动为了实现优化的目的而被抽象化与减少，人们的共同经历以及政治能力随之受到破坏，因为算法定义的群体开始决定社会定位的基础。换言之，对数据驱动系统的依赖，推动了数据主体的愿景和其创建的统治形式。因此，对数据正义的呼吁也是对社会关系的呼吁，通过这种社会关系，人们可以相互认同，设立机构并按照自己的方式进行动员。

　　从这个意义上来说，关于数据正义辩论中的"反规范的正义"理论是推动社会正义动员的重要起点，因为该理论动摇了关于数据化问题是什么、影响谁以及如何解决这些问题的根深蒂固的预设。反之，该理论视数据正义为持续辩论的主题，而非一个固定的假设。此外，该理论要求在历史和社会背景下考虑数据问题，建立在传统的社会正义基础上去思考需要具备哪些条件才能实现数据正义的推动。在呼吁数据正义重要性的同时，应关注到背景与条件对于推进数据正义概念化和实践至关重要。

第四节　结论：什么是数据正义？

首先，本书从一系列不同的角度探讨对数据正义的日益关注，这些角度不仅包括随着数据收集和利用的更加广泛而发生的关键变革领域，还包括这种变革对社会的影响及其可能的应对措施。因此，将数据置于资本主义的背景下，强调应考虑数据正义，此与数据化系统的特征及其作为政治经济制度的表现相关。探索地方、国家和国际各级政府如何转向数据驱动系统，将其作为当代治理形式的一种运作方式，这种转变对于如何看待公民身份产生了重大影响。事实上，对数据正义的关注，不仅需要关注数据化的发展如何扩展了官僚化和新自由主义的各个方面，而这些在历史上已经渗透到公共行政和更广泛的治理制度中，还需要关注数据化对如何成为公民意味着什么，以及如何影响支配人们生活的决策能力。

其次，本书认为数据正义的辩论需要以一种克服将数据化锚定为普遍主义发展的方式。相反，数据正义必须应对细微差别和不同的背景，以及认知上的不公正，这种不公正在很大程度上塑造了我们对数据发展及其影响的理解。就此而言，本书拒绝将数据正义视为普遍主义理想，而是将其理解为植根于正义的经验和实践，以及数据的哪些功能可能受到重视，也可能不受到重视。本书通过详细说明数据危害的突出问题来进一步探讨数据在核心正义关注的问题，例如再分配、代表和识别。这是赋予数据正义意义的一项关键任务，因为它暴露了当前试图解决此类危害的政策框架的一些谬误。

事实上，在公众和学术界，对于如何维护与数据有关的正义主张，政策和监管的作用仍然处于最前沿，尤其是在英国和欧洲。随着数字战略和人工智能政策框架在国家、区域和全球治理背景下迅速制定，政策和监管路径只会更加严格。然而，这种政策应对的主导方法仍植根于个人主义框架，往往侧重于程序保障，而这些程序保障对于解决以数据正义为基础的危害几乎没有作用。因此，数据正义的实现需要更多具有参与性和集体主义形式的数据治理，为社区提供合理途径，就数据化的人口层面影响进行推理和价值观维护。例如某些多元参与来自社会运动和活动家，通过颠覆性的方式收集和使用数据，或者从社区的角度直接面对数据化，为围绕数据的争论创造舞台。由此，数据正义被认为是媒体和数字行动主义长期传统的延伸，这种传统为深入了解不断变化的信息基础设施对促进社会正义的意义铺平了道路。

137

从本质上讲，信息基础设施和技术问题与数据正义问题相关，因为正义理论往往忽视信息和通信技术的作用。随着社会生活越来越多地与以数据收集和处理为中心的计算基础设施交织在一起，正视这一长期的忽视变得更加紧迫。数据正义正是应对这一挑战的方式，需要持续参与数据化的实践和生活经验，以此为不同背景下的正义主张提供信息。因此，数据正义不能被表述为关于数据收集和使用的普遍原则，而应该以与正在进行的社会正义的历史斗争相关的转变方式为基础。这要求我们在参与数据正义时"去中心化"，改变决策表的构成，并关注与数据相关及其他方面的不公正发生的条件，以及最终如何改变这些不公正。

参考文献

1. Ada Lovelace Institute. (2021). *Exploring Legal Mechanisms for Data*   139
Stewardship. London: Ada Lovelace Institute. Retrieved from www.adalove-
laceinstitute. org/wp-content/uploads/2021/03/Legal-mechanisms-for-data-stewar-
dship_report_Ada_AI-Council-2.pdf.

2. Ajana, B. (2015). Augmented borders: Big data and the ethics of
immigration control. *Journal of Information, Communication and Ethics in
Society*, 13(1): 58—78.

3. Akbari, A. (2020). Follow the thing: Data: Contestations over data
from the Global South. *Antipode*, 52(2): 408—429.

4. Albornoz, D., Reilly, K., & Flores, M. (2019). *Community-based
Data Justice: A Model for Data Collection in Informal Urban Settlements*.
Development Informatics Working Paper, 82.

5. Ali, S. M. (2016). A brief introduction to decolonial computing. *XRDS:
Crossroads, The ACM Magazine for Students*, 22(4): 16—21.

6. Ali, S. M. (2017). Decolonizing Information Narratives: Entangled
Apocalyptics, Algorithmic Racism and the Myths of History. In *Proceedings*,
1(3): article no.50.

151

7. Alston, P. (2005). Assessing the strengths and weaknesses of the European Social Charter's Supervisory System. In G. Búrca, B. Witte & L. Ogertschnig(Eds.), *Social Rights in Europe*. Oxford: Oxford University Press.

8. Alston, P. (2019). *Report of the Special Rapporteur on Extreme Poverty and Human Rights*. UN General Assembly, 11 October 2019. Retrieved from https://undocs.org/A/74/493.

9. American Civil Liberties Union. (2013, May). *Prove Yourself to Work: The 10 Big Problems with E-Verify*. New York: American Civil Liberties Union(ACLU). Retrieved from www.aclu.org/files/assets/everify_white_paper.pdf.

10. Amnesty International UK. (2018). *Trapped in the Matrix: Secrecy, Stigma and Bias in the Met's Gangs Database*. London: Amnesty International UK.

11. Amoore, L. (2019). Doubt and the algorithm: On the partial accounts of machine learning. *Theory, Culture & Society*, 36(6): 147—169.

12. Amoore, L. (2020). *Cloud Ethics: Algorithms and Attributes of Ourselves and Others*. Durham, NC: Duke University Press.

13. Amrute, S. (2016). *Encoding Race, Encoding Class*. Durham, NC: Duke University Press.

14. Amrute, S. (2019, November 9—12). *Tech Colonialism Today* [Keynote presentation]. EPIC 2019 Conference, Providence, RI, United States. Retrieved from https://points.datasociety.net/tech-colonialism-today-9633a9cb00ad.

15. Anderson, B. (2016). *Imagined Communities: Reflections on the Origin and Spread of Nationalism*. London: Verso.

16. Anderson, D. Q. C. (2015). *A Question of Trust: Report of the Investigatory Powers Review*. London: Independent Reviewer of Terrorism Legislation. Retrieved from https://terrorismlegislationreviewer.independent.gov.uk/a-question-of-trust-report-of-the-investigatory-powers-review/.

17. Andrejevic, M. (2020). Data civics: A response to the "ethical turn". *Television and New Media*, 21(6): 562—567.

140

18. Aneesh, A. (2009). Global labor: Algocratic modes of organization. *Sociological Theory*, 27(4): 347—370. doi: 10.1111/j.1467-9558.2009.01352.x.

19. Angwin, J. (2014). *Dragnet Nation: A Quest for Privacy, Security, and Freedom in a World of Relentless Surveillance*. New York: Times Books.

20. Angwin, J., Larson, J., Kirchner, L., & Mattu, S. (2017, April 5). Minority neighborhood pay higher car insurance premiums than white areas with the same risk. *ProPublica*. Retrieved from www.propublica.org/article/minority-neighborhoods-higher-car-insurance-premiums-white-areas-same-risk.

21. Angwin, J., Larson, J., Mattu, S., & Kirchner, L. (2016, May 23). Machine bias. *ProPublica*. Retrieved from www.propublica.org/article/machine-bias-risk-assessments-incriminal-sentencing.

22. Angwin, J., Mattu, S., & Larson, J. (2015, September 1). The Tiger Mom Tax: Asians are nearly twice as likely to get a higher price from Princeton Review. *ProPublica*. Retrieved from www.propublica.org/article/asians-nearly-twice-as-likely-to-get-higher-price-from-princeton-review.

23. Aouragh, M., Gürses, S., & Rocha, J. (2015). Let's first get things done! On division of labour and techno-political practices of delegation in times of crisis. *The Fibreculture Journal*, 26: 208—235.

24. Arora, P. (2016). Bottom of the data pyramid: Big data and the global south. *International Journal of Communication*, 10(19): 1681—1699.

25. Arora, P. (2019a). *The Next Billion Users*. Cambridge, MA: Harvard University Press.

26. Arora, P. (2019b). Decolonizing privacy studies. *Television & New Media*, 20(4): 366—378.

27. Article 29 Working Party. (2016, December 13). *Guidelines on the Right to Data Portability*. Retrieved from http://ec.europa.eu/information_society/newsroom/image/document/2016-51/wp242_en_40852.pdf.

28. Arun, C. (2019). AI and the Global South: Designing for other

141

worlds. In D. M. Dubber, F. Pasquale & S. Das(Eds.), *The Oxford Handbook of Ethics of AI*. Oxford: Oxford University Press.

29. Bâ, S. M., & Higbee, W. (Eds.). (2012). *De-Westernizing Film Studies*. Abingdon: Routledge.

30. Baack, S. (2015). Datafication and empowerment: How the open data movement re-articulates notions of democracy, participation, and journalism. *Big Data & Society*, 2(2), 2053951715594634.

31. Baptiste, N. (2014, October 13). Staggering loss of black wealth due to subprime scandal continues unabated. *The American Prospect*. Retrieved from https: //prospect.org/justice/staggering-loss-black-wealth-due-subprime-scandal-continues-unabated/.

32. Barassi, V. (2015). *Activism on the Web: Everyday Struggles against Digital Capitalism*. Abingdon: Routledge.

33. Barassi, V. (2020a). *Child Data Citizen: How Tech Companies are Profiling Us from before Birth*. Cambridge, MA: MIT Press.

34. Barassi, V. (2020b). Datafied citizens in the age of coerced digital participation. *Sociological Research Online*, 24(3): 414—429.

35. Barbas, A., & Postill, J. (2017). Communication activism as a school of politics: Lessons from Spain's indignados movement. *Journal of Communication*, 67(5): 646—664.

36. Barocas, S., & Selbst, A. D. (2016). Big data's disparate impact. *Calif. L. Rev.*, 104, 671.

37. Barranquero, A., & Treré, E. (2021). comunicación alternativa y comunitaria: La conformación del campo en Europa y el diálogo con América Latina. *Chasqui. Revista Latinoamericana de Comunicación*, 1 (146): 159—182.

38. Barwise, T. P., & Watkins, L. (2018). The evolution of digital dominance: How and why we got to GAFA. In M. Moore & D. Tambini

(Eds.), *Digital Dominance: The Power of Google, Amazon, Facebook, and Apple* (pp.21—49). New York: Oxford University Press.

39. Bauböck, R. (1994). *Transnational Citizenship*. London: Edward Elgar.

40. Beer, D. (2014). Governing through biometrics: The biopolitics of identity. *Information, Communication & Society*, 17(8): 1051—1054. doi: 10.1080/1369118X.2014.900103.

41. Beer, D. (2019). *The Data Gaze*. London: Sage.

42. Bellamy, R. (2008). *Citizenship: A Very Short Introduction*. Oxford: Oxford University Press. Benjamin, R. (2019). *Race after Technology: Abolitionist Tools for the New Jim Code*. Cambridge: Polity Press.

43. Bennett, L., & Segerberg, A. (2014). *The Logic of Connective Action: Digital Media and the Personalization of Contentious Politics*. Cambridge: Cambridge University Press.

44. Beraldo, D., & Milan, S. (2019). From data politics to the contentious politics of data. *Big Data & Society*, 6(2).

45. Berry, D. (2011). The computational turn: Thinking about the digital humanities. *Culture Machine*, 12: 1—22.

46. Berry, M. (2019). *The Media, the Public, and the Great Financial Crisis*. Cham, Switzerland: Palgrave Macmillan.

47. Bhambra, G. K., Medien, K., & Tilley, L. (2020). Theory for a global age: From nativism to neoliberalism and beyond, *Current Sociology*, 68(2): 137—148.

48. Bhargava, R., Deahl, E., Letouzé, E., Noonan, A., Sangokoya, D., & Shoup, N. (2015). *Beyond Data Literacy* [White paper]. Data-Pop Alliance White Paper Series. Harvard Humanitarian Initiative, MIT Lad and Overseas Development Institute. Retrieved from https: //dam-prod.media.mit. edu/x/2016/10/20/Beyond% 20Data% 20 Literacy% 202015.pdf.

49. Bhatia, R. (2018). How India's welfare revolution is starving citizens.

142

The New Yorker, 16 May. Retrieved from https: //www.newyorker.com/news/ dispatch/how-indias-welfare-revolution-is-starving-citizens.

50. Birhane, A. (2020). Algorithmic colonization of Africa. *SCRIPTed*, 17: 389.

51. Bliss, L., & Martin, J. L. (2020, June 18). Coronavirus maps show how the pandemic reshaped our world and homes. *Bloomberg*. Retrieved from www.bloomberg.com/features/2020-coronavirus-lockdown-neighborhood-maps/.

52. Bloch-Wehba, H. (2021, June 17). Transparency's AI problem. *Knight First Amendment Institute*. Retrieved from https: //knightcolumbia.org/content/ transparencys-ai-problem.

53. Bourne, C. (2019). AI cheerleaders: Public relations, neoliberalism and artificial intelligence. *Public Relations Inquiry*, 8(2): 109—125. doi: 10. 1177/2046147X19835250.

54. boyd, d. (2007). Why youth(heart) social network sites: The role of networked publics in teenage social life. In D. Buckingham(Ed.), *Youth, Identity, and Digital Media* (pp.119—142). MacArthur Foundation Series on Digital Learning. Cambridge, MA: MIT Press.

55. boyd, d., & Crawford, K. (2012). Critical questions for big data. *Information, Communication & Society*, 15(5): 662—679.

56. Britz, J. J. (2008). Making the global information society good: A social justice perspective on the ethical dimensions of the global information society. *Journal of the American Society for Information Science and Technology*, 59: 1171—1183.

57. Browman, C. (2017, January 6). Data localization laws: an emerging global trend. *Jurist: Legal News and Commentary*. Retrieved from www.jurist. org/commentary/2017/01/Courtney-Bowman-data-localization/.

58. Bruhn Jensen, K. (2021). A Theory of Communication and Justice. Abingdon: Routledge. Bruno, I., & Didier, E. (2013). *Benchmarking: l'Etat*

sous pression statistique, Paris, La Découverte, coll. Zones.

59. Bruno, I., Didier, E., & Vitale, T. (2014). Statactivism: Forms of action between disclosure and affirmation. *Partecipazione e conflitto*: The *Open Journal of Sociopolitical Studies*, 7(2): 198—220.

60. Brunton, F., & Nissenbaum, H. (2011). Vernacular resistance to data collection and analysis: A political theory of obfuscation. *First Monday*, 16(5). Retrieved from https://firstmonday.org/article/view/3493/2955.

61. Bucher, T. (2017). The algorithmic imaginary: Exploring the ordinary affects of Facebook algorithms. *Information, Communication & Society*, 20(1): 30—44.

62. Buolamwini, J., & Gebru, T. (2018). Gender shades: Intersectional accuracy disparities in commercial gender classification. *Proceedings of Machine Learning Research*, 81(1): 1—15.

63. Calo, R. (2017). *Artificial Intelligence Policy: A Primer and Roadmap.* Available at SSRN: https://ssrn.com/abstract=3015350.

64. Calzati, S. (2020). Decolonising "data colonialism" propositions for investigating the realpolitik of today's networked ecology. *Television & New Media*, 22(8): 914—929.

65. Candón Mena, J. (2013). *Toma la calle, toma las redes: el movimiento# 15M en Internet.* Sevilla: Atrapasueños.

66. Cardullo, P., & Kitchin, R. (2019). Smart urbanism and smart citizenship: The neoliberal logic of "citizen-focused" smart cities in Europe. *Environment and Planning C: Politics and Space*, 37(5): 813—830.

67. Carmi, E., Yates, S. J., Lockley, E., & Pawluczuk, A. (2020). Data citizenship: Rethinking data literacy in the age of disinformation, misinformation, and malinformation. *Internet Policy Review*, 9(2). Retrieved from https://policyreview.info/articles/analysis/data-citizenship-rethinking-data-literacy-age-disinformation-misinformation-and.

143

68. Castells, M. (1996). *The Rise of the Network Society*. Malden, MA: Blackwell.

69. Cave, S., & Dihal, K. (2021). Race and AI: The diversity dilemma. *Philosophy & Technology*, 1—5.

70. Celis Bueno, C. (2017). *The Attention Economy: Labour, Time and Power in Cognitive Capitalism*. London and New York: Rowman & Littlefield.

71. Chacón, H. (Ed.). (2019). *Online Activism in Latin America*. Abingdon: Routledge. Chakravartty, P., Kuo, R., Grubbs, V., & McIlwain, C. (2018). #CommunicationSoWhite. *Journal of Communication*, 68(2): 254—266.

72. Cheney-Lippold, J. (2016). Jus Algoritmi: How the national security agency remade citizenship. *International Journal of Communication*, 10: 1721—1742. Retrieved from http://ijoc.org/index.php/ijoc/article/view/4480.

73. Cheney-Lippold, J. (2017). *We Are Data*. New York: New York University Press.

74. Chin, J., & Wong, G. (2016, November 28). China's new tool for social control: A credit rating for everything. *Wall Street Journal*. Retrieved from www.wsj.com/articles/chinas-new-tool-for-social-control-a-credit-rating-for-everything-1480351590.

75. Christl, W. (2017, June). *Corporate Surveillance in Everyday Life* [Report for Cracked Labs]. Retrieved from http://crackedlabs.org/en/corporate-surveillance.

76. Christophers, B. (2020). *Rentier Capitalism: Who Owns the Economy, and Who Pays for It?* London: Verso Books.

77. Citron, D. J., & Pasquale, F. A. (2014). The scored society: Due process for automated predictions. *Washington Law Review*, 89: 1—33. Retrieved from https://papers.ssrn.com/sol3/papers.cfm?abstract_id=2376209.

78. Clarke, J., Coll, K. M., Dagnino, E., & Neveu, C. (2014). *Disputing Citizenship*. Bristol: Policy Press.

79. Clarke, J., Newman, J., Smith, N., Vidler, E., & Westmoreland, L. (2007). *Creating Citizen-Consumers: Changing Publics and Changing Public Services*. London: Sage.

80. Clayton, V., Sanders, M., Schoenwald, E., Surkis, L., & Gibbons, D. (2020, September). *Machine Learning in Children's Services: Summary Report*. What Works for Children's Social Care. Retrieved from https://whatworks-csc.org.uk/wp-content/uploads/WWCSC_machine_learning_in_childrens_services_does_it_work_Sep_2020_Accessible.pdf.

81. Cohen, G. (2008). *Rescuing Justice and Equality*. Cambridge, MA: Harvard University Press. Cohen, J. (2020). *Between Truth and Power: The Legal Constructions of Informational Capitalism*. Oxford: Oxford University Press.

82. Collins, H. (2021). The science of artificial intelligence and its critics. *Interdisciplinary Science Reviews* 46(1—2): 53—70, DOI: 10.1080/03080188.2020.1840821.

83. Collins, P. H. (1990). *Black Feminist Thought: Knowledge, Consciousness, and the Politics of Empowerment*. London: Routledge.

84. Collins, P. H. (1997). Comment on Hekman's "Truth and Method: Feminist Standpoint Theory Revisited": Where's the power? *Journal of Women in Culture and Society*, 22(2): 375—381.

85. Comaroff, J., & Comaroff, J. L. (2012). *Theory from the South: Or, How Euro-America is Evolving toward Africa*. Abingdon: Routledge.

86. Competition and Markets Authority(CMA) & Information Commissioner's Office(ICO). (2021).

87. *Competition and Data Protection in Digital Markets: A Joint Statement between the CMA and ICO*. Retrieved from https://ico.org.uk/media/about-the-ico/documents/2619797/cma-ico-public statement-20210518.pdf.

88. Connell, R. (2014). Using Southern Theory: Decolonizing social thought

144

in theory, research and application. *Planning Theory*, 13(2): 210—223.

89. Conroy, A., & Scassa, T. (2015). Promoting transparency while protecting in Open Government in Canada. *AlbertaLaw Review*, 53 (175). Retrieved from https: //albertalawreview.com/index.php/ALR/article/view/284.

90. Cooiman, F. (2021). Veni vidi VC — the backend of the digital economy and its political making. *Review of International Political Economy*. doi: 10. 1080/09692290.2021.1972433.

91. Costanza-Chock, S. (2018). *Data and Discrimination* [Plenary presentation]. Data justice conference: Exploring social justice in an age of datafication. Cardiff, UK. Costanza-Chock, S. (2020). *Design Justice: Community-Led Practices to Build the Worlds We Need*. Cambridge, MA: MIT Press.

92. Couldry, N. (2014). Inaugural: A necessary disenchantment: Myth, agency and injustice in a digital world. *The Sociological Review*, 62(4): 880—897.

93. Couldry, N. (2019). Capabilities for what? Developing Sen's Moral Theory for Communications Research. *Journal of Information Policy*, 9: 43—55.

94. Couldry, N., & Hepp, A. (2017). *The Mediated Construction of Reality*. Cambridge: Polity Press.

95. Couldry, N., & Mejias, U. A. (2018). Data colonialism: Rethinking big data's relation to the contemporary subject. *Television and New Media*, 20(4): 338.

96. Couldry, N., & Mejias, U. A. (2019). *The Costs of Connection*. Stanford, CA: Stanford University Press.

97. Couldry, N., & Mejias, U. A. (2021). The decolonial turn in data and technology research: What is at stake and where is it heading? *Information, Communication and Society*, 1—17.

145

98. Couldry, N., & Powell, A. (2014). Big data from the bottom up. *Big Data & Society*, 1(2).

99. Couldry, N., Stephanson, H., Fotopoulou, A., MacDonald, R., Clark, W., & Dickens, L. (2014). Digital citizenship? Narrative exchange and the changing terms of civic culture. *Citizenship Studies*, 18(6—7): 615—629.

100. Council of Europe. (1950). *European Convention of Human Rights*. Brussels: Council of Europe. Retrieved from www.echr.coe.int/Documents/Convention_ENG.pdf.

101. Crenshaw, K. (1989). Demarginalizing the intersection of race and sex: A Black feminist critique of antidiscrimination doctrine feminist theory and antiracist politics. *University of Chicago Legal Forum*, 1(8): 139—167.

102. Crooks, R. (2019, March 22). What we mean when we say # AbolishBigData2019. *Medium*. Retrieved from https://medium.com/@ rncrooks/what-we-mean-when-we-say-abolishbigdata2019-d030799ab22e.

103. Cukier, K., & Mayer-Schönberger, V. (2013). The rise of big data: How it's changing the way we think about the world. *Foreign Affairs*, 92(3): 28—40.

104. Cukier, K., & Mayer-Schönberger, V. (2013). Big Data: The Essential Guide to Work, Life and Learning in the Age of Insight. Place, New York: Houghton, Mifflin Harcourt Publishing.

105. Culpepper, P. D., & Thelen, K. (2020). Are we all Amazon Primed? Consumers and the politics of platform power. *Comparative Political Studies*, 53(2): 288—318.

106. Curran, J. (2012). Rethinking internet history. In J. Curran, N. Fenton & D. Freedman (Eds.), *Misunderstanding the Internet*. Abingdon: Routledge.

107. Currie, M., Knox, J., & McGregor, C. (2022). *Data Justice and the Right to the City*. Edinburgh: Edinburgh University Press.

108. Currie, M., Paris, B. S., Pasquetto, I., & Pierre, J. (2016). The conundrum of police officer-involved homicides: Counter-data in Los Angeles County. *Big Data & Society*, 3(2).

109. Dalton, C., & Thatcher, J. (2014, May 12). What does a critical data studies look like, and why do we care? Seven points for a critical approach to big data. *Space and Society Open Site*. Retrieved from http: // societyandspace.org/2015/05/12/what-does-a-critical-data-studies-look-like-and-why-do-we-care-craig-dalton-and-jim-thatcher/.

110. Danaher, J. (2016). The threat of algocracy: Reality, resistance and accommodation. *Philosophy & Technology*, 29: 245—268. https: //doi.org/10. 1007/s13347-015-0211-1.

111. Davis, G. F. (2009). The rise and fall of finance and the end of the society of organizations. *Academy of Management Perspectives*, 23(3). doi: 10.5465/amp.2009.43479262.

112. Dean, J. (2001). Cybersalons and civil society: Rethinking the public sphere in transnational technoculture. *Public Culture*, 13(2): 243—266.

113. De La Garza, A. (2020, May 28). States' automated systems are trapping citizens in bureaucratic nightmares with their lives on the line. *Time*. Retrieved from https: //time.com/5840609/algorithm-unemployment/.

114. De Liban, K. (2018) Interview. Conducted by Joanna Redden. March 12.

115. Demeter, M. (2019). So far, yet so close: International career paths of communication scholars from the global south. *International Journal of Communication*, 13(25).

116. Dencik, L. (2022). The datafied welfare state: A perspective from the UK. In A. Hepp, J. Jarke & L. Kramp(Eds.), *The Ambivalences of Data Power: New Perspectives in Critical Data Studies*. Basingstoke: Palgrave.

117. Dencik, L., Hintz, A., & Cable, J. (2016). Towards data justice? The ambiguity of anti-surveillance resistance in political activism. *Big Data &*

146

Society, 3(2): 1—12. doi: 10.1177/2053951716679678.

118. Dencik, L., Hintz, A., Redden, J., & Treré, E. (2019). Exploring data justice: Conceptions, applications and directions. *Information, Communication and Society*, 22(7): 873—881.

119. Dencik, L., Hintz, A., Redden, J., & Warne, H. (2018). Data Scores as Governance. Cardiff: Data Justice Lab. Retrieved from https: // datajusticelab.org/wp-content/uploads/2018/12/data-scores-as-governance-project-report2.pdf.

120. Dencik, L., Jansen, F., & Metcalfe, P. (2018). *A Conceptual Framework for Approaching Social Justice in an Age of Datafication* [Working Paper]. DATAJUSTICE project. Retrieved from https: //datajusticeproject.net/ 2018/08/30/a-conceptual-framework-for-approaching-social-justice-in-an-age-of-datafication/.

121. Dencik, L., Redden, J., Hintz, A., & Warne, H. (2019). The "golden view": Data-driven governance in the scoring society. *Internet Policy Review*, 8(2).

122. Dencik, L., & Wilkin, P. (2015). *Worker Resistance and Media: Challenging Global Corporate Power in the 21st Century*. London & New York: Peter Lang.

123. Desrosières, A. (2015). Retroaction: How indicators feed back onto quantified actors. In R. Rottenburg, S. Merry, S. J. Park & J. Mugler (Eds.), *The World of Indicators* (pp. 329—353). Cambridge: Cambridge University Press.

124. D'Ignazio, C., & Klein, L. F. (2020). *Data Feminism*. Cambridge, MA: MIT Press.

125. Dixon, P. (2017). A failure to "Do No Harm" — India's Aadhaar biometric ID program and its inability to protect privacy in relation to measures in Europe and the U. S. *Health and Technology*, 7(4): pp.539—567.

126. Dixon, P. (2013). Congressional testimony: What information do data brokers have on consumers? World Privacy Forum. Retrieved from https://www.worldprivacyforum.org/2013/12/testimony-what-information-do-data-brokers-have-on-consumers/.

127. Dixon, P., & Gellman, R. (2014). *The Scoring of America: How Secret Consumer Scores Threaten Your Privacy and Your Future* [Report]. Lake Oswego: World Privacy Forum. Available at www.worldprivacyforum.org/wp-content/uploads/2014/04/WPF_ Scoring_of_America_April2014_fs.pdf.

128. Dodd, V. (2021, Feb. 3). A thousand young black men removed from Met gang violence prediction database, *The Guardian*. Retrieved from https://www.theguardian.com/uk-news/2021/feb/03/a-thousand-young-black-men-removed-from-met-gang-violence-prediction-database.

129. Dodd, V. (2018, May 9). UK accused of flouting human rights in "racialised" war on gangs. *The Guardian*. Retrieved from www.theguardian.com/uk-news/2018/may/09/uk-accused-flouting-human-rights-racialised-war-gangs.

130. Dolata, U. (2017). *Social Movements and the Internet: The Sociotechnical Constitution of Collective Action*. SOI Discussion Paper, No.2017-02, Universität Stuttgart, Institut für Sozialwissenschaften, Abteilung für Organisations- und Innovationssoziologie, Stuttgart.

131. Drahos, P. (1996). *A Philosophy of Intellectual Property*. Aldershot, UK: Dartmouth.

132. Dranoff, S. (2014, December 15). Identity theft: A low-income issue. *American Bar Association*. Retrieved from www.americanbar.org/groups/legal _ services/publications/dialogue/volume/17/winter-2014/identity-theft-a-lowincome-issue/.

133. Draper, N., & Turow, J. (2019). The corporate cultivation of digital resignation. *New Media and Society*, 21(8): 1824—1839.

134. Duffield, M. (2018). *Post-Humanitarianism: Governing Precarity in*

147

the *Digital World*. Cambridge: Polity Press.

135. Duque Franco, I., Ortiz, C., Samper, J., & Millan, G. (2020). Mapping repertoires of collective action facing the COVID -19 pandemic in informal settlements in Latin American cities. *Environment and Urbanization*, 32(2): 523—546.

136. Dyer-Witheford, N., Kjøsen, A. K., & Steinhoff, J. (2020). *Inhuman Power: Artificial Intelligence and the Future of Capitalism*. London: Pluto Press.

137. Edwards, L., & Veale, M. (2017). Slave to the algorithm? Why a "right to an explanation" is probably not the remedy you are looking for. *Duke Law and Technology Review*, 16(1): 18—84.

138. Elmer, G., Langlois, G., & Redden, J. (Eds.). (2015). *Compromised Data: From Social Media to Big Data*. New York: Bloomsbury.

139. Emergencia Indigena. (2020). (https: //emergenciaindigena.apiboficial. org/en/).

140. Engstrom, D., & Ho, D. E. (2021). Artificially intelligent government: A review and an agenda. In R. Vogl(Ed.), *Research Handbook on Big Data Law* (pp.57—86). Cheltenham, UK: Edward Elgar Publishing.

141. Escobar, A. (2018). *Designs for the Pluriverse: Radical Interdependence, Autonomy, and the Making of Worlds*. Durham, NC: Duke University Press.

142. Escobar, O., & Elstub, S. (2017, May 8). *Forms of Mini-publics*. Newcastle: newDemocracy. www.academia.edu/34630797/Forms_of_mini-publics_An_introduction_ to_deliberative_innovations_in_democratic_practice.

143. Escorcia, A., & O'Carroll, T. (2017, January 24). Mexico's misinformation wars: How organized troll networks attack and harass journalists and activists in Mexico. *OpenDemocracy*. www.opendemocracy.net/en/mexicos-misinformation-wars/.

144. Etter, M., & Albu, O. B. (2021). Activists in the dark: Social media algorithms and collective action in two social movement organizations. *Organization*, 28(1): 68—91.

145. Eubanks, V. (2011). *Digital Dead End: Fighting for Social Justice in the Information Age*. Cambridge, MA: MIT Press.

146. Eubanks, V. (2018). *Automating Inequality*. New York: Macmillan.

147. Eubanks, V. (2015). Want to cut welfare? There's an app for that. *The Nation*, 27 May. Retrieved from https: //www.thenation.com/article/archive/ want-cut-welfare-theres-app/.

148. Evangelista, R., & Firmino, R. (2020). Brazil. Modes of pandemic existence: territory, inequality, and technology. In L. Taylor, G. Sharma, A. Martin & S. Jameson(Eds.), *Data Justice and COVID-19: Global Perspectives* (pp.100—107). London: Meatspace Press.

149. Fanon, F. (1963). *The Wretched of the Earth* (Trans. from the French by Constance Farrington). New York: Grove Press.

150. Feenstra, R. A., Tormey, S., Casero-Ripollés, A., & Keane, J. (2017). *Refiguring Democracy: The Spanish Political Laboratory*. Abingdon: Routledge.

151. Fenton, N., Freedman, D., Schlosberg, J., & Dencik, L. (2020). *The Media Manifesto*. Cambridge: Polity Press.

152. Fenton, N., & Downey, J. (2003). Counter public spheres and global modernity. *Javnost — The Public*, 10(1): 15—32.

153. Ferdinand, S., Villaescusa-Illán, I., & Peeren, E. (Eds.). (2019). Introduction. In *Other Globes Past and Peripheral Imaginations of Globalization* (pp.1—39). Cham, Switzerland: Palgrave Macmillan.

154. Field, K. "Mapping Coronavirus, Responsibly." ArcGIS Blog(blog), February 25, 2020. https: //www.esri.com/arcgis-blog/products/product/mapping/ mapping-coronavirus-responsibly/.

148

参考文献

155. Fisher, M. (2009). *Capitalist Realism: Is There No Alternative?* Winchester, UK: Zero Books Flensburg, S., & Lomborg, S. (2021). Datafication research: mapping the field for a future agenda. *New Media & Society*, https://doi.org/10.1177/14614448211046616.

156. Flesher Fominaya, C. (2020). *Democracy Reloaded: Inside Spain's Political Laboratory from 15-M to Podemos*. Oxford: Oxford University Press.

157. Floridi, L., & Taddeo, M. (2016). What is data ethics? *Philosophical Transactions of the Royal Society*, 374(2083). Retrieved from http://rsta.royalsocietypublishing.org/content/374/2083/20160360.

158. Fotopoulou, A. (2020). Conceptualising critical data literacies for civil society organisations: Agency, care, and social responsibility. *Information, Communication & Society*, 24(11): 1640—1657. Retrieved from www.tandfonline.com/doi/full/10.1080/1369118X.2020.1716041?scroll=top&needAccess=true.

159. Fourcade, M., & Gordon, J. (2020). Learning like a state: Statecraft in the Digital Age. *Journal of Law and Political Economy*, 1(1): 78—108.

160. Fourcade, M., & Healy, K. (2017). Seeing like a market. *Socio-Economic Review*, 15(1): 9—29.

161. Fraser, N. (1997). *Justice Interruptus: Critical Reflections on the Postsocialist Condition*. New York: Routledge.

162. Fraser, N. (2005). Mapping the feminist imagination: From redistribution to recognition to representation. *Constellations*, 12(3): 295—307.

163. Fraser, N. (2008). Abnormal justice. *Critical Inquiry*, 34(3): 393—422.

164. Freedman, D. (2008). *The Politics of Media Policy*. London: Polity Press.

165. Freedman, D. (2016). The internet of capital: Concentration and commodification in a world of abundance. In J. Curran, N. Fenton & D.

Freedman, *Misunderstanding the Internet* (2nd ed.) London: Routledge.

149   166. Friedman, G. D., & McCarthy, T. (2020, October 1). Employment law red flags in the use of artificial intelligence in hiring. *American Bar Association*. www.americanbar.org/groups/business_law/publications/blt/2020/10/ ai-in-hiring/.

167. Fruchterman, J., & Mellea, J. (2018). Expanding employment success for people with disabilities. *Benetech*. Retrieved from https: //benetech.org/wp-content/uploads/2018/11/Tech-and-Disability-Employment-Report-November-2018.pdf.

168. Fuchs, C. (2014). *Social Media: A Critical Introduction*. London: Sage.

169. Fullerton, J. (2018, March 24). China's "social credit" system bans millions from travelling. *The Telegraph*. Retrieved from www.telegraph.co.uk/ news/2018/03/24/chinas-social-credit-system-bans-millions-travelling/.

170. Gabrys, J. (2011). *Digital Rubbish: A Natural History of Electronics*. Ann Arbor, MI: University of Michigan Press.

171. Galis, V., & Neumayer, C. (2016). Laying claim to social media by activists: a cyber-material détournement. *Social Media & Society*, 2(3). doi: 10.1177/2056305116664360.

172. Gandy, O. (1993). *The Panoptic Sort: A Political Economy of Personal Information*. New York: Harper Collins.

173. Gandy, O. (2005). Data mining, surveillance, and discrimination in the post-9/11 environment. In K. D. Haggerty & R. V. Ericson(Eds.), *The New Politics of Surveillance and Visibility* (pp.363—384). Toronto: University of Toronto Press.

174. Gandy, O. (2020). *A Panoptic Sort: A Political Economy of Personal Information* (2nd ed.). Oxford: Oxford University Press.

175. Gangadharan, S. P., Eubanks, V., & Barocas, S. (2014). *Data And Discrimination: Collected Essays*. Open Technology Institute and New America. Retrieved from www.ftc.gov/system/files/documents/public_comments/2014/10/

00078-92938.pdf(accessed September 9, 2015).

176. Gangadharan, S. P., & Niklas, J. (2019). Decentering technology in discourse on discrimination. *Information, Communication and Society*, 22(7): 882—899.

177. Ganter, S. A., & Ortega, F. (2019). The invisibility of Latin American scholarship in European media and communication studies: Challenges and opportunities of de-westernization and academic cosmopolitanism. *International Journal of Communication*, 13(24).

178. Garrido, S. A., Allard, M. C., Béland, J., Caccamo, E., Reigeluth, T., Agaisse, J. P. (2018, February). *IoT in the Smart City: Ethical Issues and Social Acceptability*. Montreal: Centre international de reference sur le cycle de vie des produits procédés et services. Retrieved from http://ville.montreal.qc.ca/pls/portal/docs/page/prt_vdm_fr/media/documents/ido_vi_revue_litt_final_en.pdf(accessed September 2, 2018).

179. Garvey, S. C. (2021). Unsavory medicine for technological civilization: Introducing "Artificial Intelligence & its Discontents". *Interdisciplinary Science Reviews*, 46(1—2): 1—18. doi: 10.1080/03080188.2020.1840820.

180. Gerbaudo, P. (2017). From cyber-autonomism to cyber-populism: An ideological history of digital activism. *TripleC: Communication, Capitalism & Critique*, 15(2): 477—489.

181. Gillingham, P. (2016). Predictive risk modelling to prevent child maltreatment and other adverse outcomes for service users: Inside the "Black Box" of machine learning. *The British Journal of Social Work*, 46(1): 1044—1058.

182. Gillingham, P. (2019). Decision support systems, social justice and algorithmic accountability in social work: A new challenge. *Practice*, 31(4): 277—290. doi: 10.1080/09503153.2019.1575954.

183. Goodin, R. E. (2008). *Innovating Democracy: Democratic Theory*

150

and Practice after the Deliberative Turn. Oxford: Oxford University Press.

184. Google. (2019, September 10). *Accelerating Social Good with Artificial Intelligence*. Retrieved from https: //services. google. com/fh/files/misc/accelerating_social_good_with_ artificial_intelligence_go ogle_ai_impact_challenge.pdf.

185. Graeber, D. (2015). *The Utopia of Rules: On Technology, Stupidity, and the Secret Joys of Bureaucracy*. New York: Melville House Publishing.

186. Graef, I. (2018). When data evolves into market power — data concentration and data abuse under competition law. In M. Moore & D. Tambini (Eds.), *Digital Dominance: The Power of Google, Amazon, Facebook, and Apple* (pp.71—97). Oxford: Oxford University Press.

187. Graham, M. (2013). Geography/internet: Ethereal alternate dimensions of cyberspace or grounded augmented realities? *The Geographical Journal*, 179(2): 177—182.

188. Graham, M., Kitchin, R., Mattern, S., & Shaw, J. (2019). How to run a city like Amazon. In M. Graham, R. Kitchin, S. Mattern & J. Shaw (Eds.), *How to Run a City like Amazon, and Other Fables* (pp. 1—12). London: Meatspace Press.

189. Gray, J. (2018). Three aspects of data worlds. *Krisis: Journal for Contemporary Philosophy*, 1: 5—17.

190. Gray, J., & Bounegru, L. (2019). What a difference a dataset makes? Data journalism and/as data activism. In J. Evans, S. Ruane & H. Southall (Eds.), *Data in Society: Challenging Statistics in an Age of Globalisation*. Bristol: Policy Press.

191. Gray, M., & Suri, S. (2019). *Ghost Work: How to Stop Silicon Valley from Building a New Underclass*. Boston, MA: Houghton Mifflin Harcourt.

192. Gregg, N. (2011). Media is not the issue, justice is the issue. In S. C. Jansen, J. Pooley & L. Taub-Pervizpour (Eds.), *Media and Social Justice* (pp.83—95). Basingstoke & New York: Palgrave Macmillan.

193. Gunaratne, S. A. (2009). Emerging global divides in media and communication theory: European universalism versus non-Western reactions. *Asian Journal of Communication*, 19(4): 366—383.

194. Gunaratne, S. A. (2010). De-Westernizing communication/social science research: Opportunities and limitations. *Media, Culture & Society*, 32(3): 473—500.

195. Gürses, S., Dobbe, R., & Poon, M. (2020). *Introduction to the Programmable Infrastructures Event*. TU Delft. Retrieved from www.tudelft.nl/tbm/programmable-infrastructures.

196. Gürses, S., & Van Hoboken, J. (2017). Privacy after the agile turn. In J. Polonetsky, O. Tene & E. Selinger (Eds.), *Cambridge Handbook of Consumer Privacy*. Cambridge: Cambridge University Press. Retrieved from https://osf.io/preprints/socarxiv/9gy73/.

197. Gutiérrez, M. (2018). *Data Activism and Social Change*. New York: Springer.

198. Hacking, I. (2007). Kinds of people: Moving targets. *Proceedings of the British Academy*, 151: 285—318.

199. Hanafi, S. (2020). Global sociology revisited: Toward new directions. *Current Sociology*, 68(1): 3—21.

200. Hannigan, R. (2014, November 3). The Web is a terrorist's command-and-control network of choice. *Financial Times*. Retrieved from www.ft.com/cms/s/2/c89b6c58-6342-11e4-8a63-00144feabdc0.html#axzz3TywRsOQ2.

201. Hargittai, E. (2020). Potential biases in big data: Omitted voices on social media. *Social Science Computer Review*, 38(1): 10—24.

202. Harris, L. M., & Hazen, H. D. (2006). Power of maps: (Counter)

151

mapping for conservation. *ACME: An International Journal for Critical Geographies*, 4(1): 99—130.

203. Harvey, D. (1992). *The Condition of Postmodernity*. Oxford: Wiley-Blackwell.

204. Harvey, D. (2007a). *A Brief History of Neoliberalism*. Oxford: Oxford University Press.

205. Harvey, D. (2007b). Neoliberalism as creative destruction. *The Annals of the American Academy of Political and Social Science*, 610(1): 21—44.

206. Harwell, D. (2019, April 10). Is your pregnancy app sharing your intimate data with boss? *The Washington Post*. Retrieved from www. washingtonpost. com/technology/2019/04/10/tracking-your-pregnancy-an-app-may-be-more-public-than-you-think/?arc404=true.

207. Hearn, A. (2022). The collateralized personality: creditability and resistance in the age of automated credit-scoring and lending. *Cultural Studies*, DOI: 10.1080/09502386.2022.2042576.

208. Heeks, R. (2017). A Structural Model and Manifesto for Data Justice for International Development. *Development Informatics Working Paper Series*, No.69.

209. Helmond, A. (2015). The platformization of the Web: Making web data platform ready. *Social Media + Society*, 1(2). doi: 10.1177/2056305115603080.

210. Henman, P. (2018). Of algorithms, Apps and advice: digital social policy and service delivery. *Journal of Asian Public Policy*, 12(2): 1—19.

211. Hintz, A., & Brand, J. (2019). Data Policies: Regulatory Approaches for Data-driven Platforms in the UK and EU [Research Report]. Cardiff University.

212. Hintz, A., & Brown, I. (2017). Enabling digital citizenship? The

reshaping of surveillance policy after Snowden. *International Journal of Communication*, 11: 782—801.

213. Hintz, A., Dencik, L., & Wahl-Jorgensen, K. (2019). *Digital Citizenship in a Datafied Society*. Cambridge: Polity Press.

214. Hill, K. (2020, December 29). Another arrest, and jail time, due to a bad facial recognition match. *The New York Times*. Retrieved from https://www.nytimes.com/2020/12/29/technology/facial-recognition-misidentify-jail.html.

215. Hoffmann, A. L. (2017). Beyond distributions and primary goods: Assessing applications of rawls in information science and technology literature since 1990. *Journal for Information Science and Technology*, 68(7): 1601—1618.

216. Hoffmann, A. L. (2018). Data violence and how bad engineering choices can damage society. *Medium*, 30 April. Retrieved from https://medium.com/s/story/data-violence-and-how-bad-engineering-choices-can-damage-society-39e44150e1d4.

217. Hoffmann, A. L. (2019). Where fairness fails: Data, algorithms, and the limits of antidiscrimination discourse. *Information, Communication & Society*, 22(7): 900—915.

218. Hoffmann, A. L. (2020). Terms of inclusion: Data, discourse, violence. *New Media & Society*, 23(12): 3539—3556.

219. Hu, M. (2015). Big data blacklisting. *Florida Law Review*, 67: 1735—1809.

220. Hudson, M. (2014). *The Bubble and Beyond* (2nd ed.). Glashütte: ISLET.

221. Human Rights, Big Data and Technology Project. (2020). (Available at www.hrbdt.ac.uk/) Hurley, M., & Adebayo, J. (2016). Credit scoring in the era of big data. *Yale Journal of Law and Technology*, 18(1): 1—69.

222. Hvistendahl, M. (2017, December 12). Inside China's vast new experiment in social ranking. *Wired*. Available at www.wired.com/story/age-of-

152

social-credit/.

223. Isin, E. (2012). *Citizens without Frontiers*. London: Bloomsbury.

224. Isin, E., & Ruppert, E. (2015). *Becoming Digital Citizens*. Lanham, MD: Rowman & Littlefield.

225. Isin, E., & Ruppert, E. (2019). Data's empire: Postcolonial data politics. In D. Bigo, E. Isin & E. Ruppert(Eds.), *Data Politics: Worlds, Subjects, Rights* (pp.207—227). Abingdon: Routledge.

226. Jackson, S. J., Bailey, M., & Welles, B. F. (2020). *#Hashtag-Activism: Networks of Race and Gender Justice*. Cambridge, MA: MIT Press.

227. Jain, N., Agarwal, P., & Pruthi, J. (2015). HashJacker-detection and analysis of hashtag hijacking on Twitter. *International Journal of Computer Applications*, 114(19): 17—20.

228. Jansen, F. (2020). *Consultation on the White Paper on AI — a European Approach. Submission*. DATAJUSTICE project. Retrieved from https://datajusticeproject.net/wp-content/uploads/sites/30/2020/06/Submission-to-AI-WP-Fieke-Jansen.pdf.

229. Jansen, F., Sanchez-Monedero, J., & Dencik, L. (2021, forthcoming). Biometric identity systems in law enforcement and the politics of (voice)recognition: The case of SiiP. *Big Data and Society*.

230. Jansen, S. C. (2011). Introduction: Media, democracy, human rights, and social justice. In S. C. Jansen, J. Pooley & L. Taub-Pervizpour (Eds.), *Media and Social Justice* (pp.1—23). Basingstoke & New York: Palgrave Macmillan.

231. Jefferson, E. (2018, April 24). No, China isn't Black Mirror — social credit scores are more complex and sinister than that. *New Statesman*. Retrieved from www.newstatesman.com/world/asia/2018/04/no-china-isn-t-black-mirror-social-credit-scores-are-more-complex-and-sinister.

232. Johns, F. (2021). Governance by Data. *Annual Review of Law and*

Social Science, 17(1): 53—71.

233. Johnson, J. (2018). *Toward Information Justice: Technology, Politics, and Policy for Data in Higher Education.* Springer.

234. Jordan, T. (2020). *The Digital Economy.* Cambridge: Polity Press.

235. Jørgensen, R. F., Bloch Veiberg, C., & ten Oever, N. (2019). Exploring the role of HRIA in the information and communication technologies sector. In N. Götzmann(Ed.), *Handbook on Human Rights Impact Assessment.* Cheltenham: Edward Elgar Publishing.

236. Joshi, D. (2020). Unpacking algorithmic harms in India. The AI Observatory. Retrieved from https: //ai-observatory.in/.

237. Kaltheuner, F., & Bietti, E. (2017). Data is power: Towards additional guidance on profiling and automated decision-making in the GDPR. *Journal of Information Rights, Policy and Practice,* 2(2): 1—17. Retrieved from https: //jirpp.winchesteruniversitypress.org/articles/abstract/10.21039/irpandp. v2i2.45/.

238. Kant, T. (2020). *Making it Personal: Algorithmic Personalization, Identity, and Everyday Life.* Oxford: Oxford University Press.

239. Kaplan, E. (2015). The spy who fired me: The human costs of workplace monitoring, *Harper's Magazine.* Retrieved from https: //harpers.org/ archive/2015/03/the-spy-who-fired-me/3/.

240. Kaye, D. (2015). *Report of the Special Rapporteur on the Promotion and Protection of the Right to Freedom of Opinion and Expression.* New York: United Nations. Retrieved from www.ohchr.org/EN/Issues/FreedomOpinion/Pages/ OpinionIndex.aspx.

241. Keddell, E. (2015). The ethics of predictive risk modelling in the Aotearoa/New Zealand child welfare context: Child abuse prevention or neo-liberal tool? *Critical Social Policy,* 35(1): 69—88. doi: 10.1177/02610183145 43224.

153

242. Kellogg, K. C., Valentine, M. A., & Christin, A. (2020). Algorithms at work: The new contested terrain of control. *Academy of Management Annals*, 14(1): 366—410.

243. Kelly, K. (2016). The Inevitable: Understanding the 12 Technological Forces that Will Shape Our Future. Harmondsworth: Penguin.

244. Kennedy, H. (2018). Living with data: Aligning data studies and data activism through a focus on everyday experiences of datafication. *Krisis: Journal for Contemporary Philosophy*, 1: 18—30.

245. Kennedy, H., Poell, T., & Van Dijck, J. (2015). Data and agency. *Big Data & Society*, 2(2).

246. Kent, A. J. (2020). Mapping and counter-mapping COVID-19: From crisis to cartocracy. *The Cartographic Journal*, 57(3): 187—195.

247. Khiabany, G. (2003). De-Westernizing media theory, or reverse Orientalism: Islamic communication as theorized by Hamid Mowlana. *Media, Culture & Society*, 25(3): 415—422.

248. Kidd, D. (2019). Extra-activism: Counter-mapping and data justice. *Information, Communication & Society*, 22(7): 954—970.

249. Kitchin, R. (2015). Continuous geosurveillance in the "Smart City". Dystopia. Retrieved from http: //dismagazine.com/dystopia/73066/rob-kitchin-spatial-big-data-and-geosurveillance/.

250. Kitchin, R., & Lauriault, T. P. (2014). *Towards Critical Data Studies: Charting and Unpacking Data Assemblages and Their Work* [The Programmable City Working Paper]. Maynooth University. Retrieved from http: //ssrn.com/abstract=2474112.

251. Kitchin, K. (2014). *The Data Revolution: Big Data, Open Data, Data Infrastructures and Their Consequences.* London: Sage.

252. Klein, N. (2014). *This Changes Everything: Capitalism vs. the Climate.* London: Allan Lane.

154

253. Kubitschko, S. (2017). Acting on media technologies and infrastructures: Expanding the media as practice approach. *Media, Culture & Society*, 40(4): 629—635.

254. Kukutai, T., & Taylor, J. (Eds.). (2016). *Indigenous Data Sovereignty: Toward an Agenda*. Canberra: ANU Press.

255. Kwet, M. (2019). Digital colonialism: US empire and the new imperialism in the Global South. *Race & Class*, 60(4): 3—26.

256. Lanier, J. (2013). *Who Owns the Future?* Harmondsworth: Penguin.

257. Larkin, B. (2013). The politics and poetics of infrastructure. *Annual Review of Anthropology*, 42: 327—343.

258. Layton, V., Sanders, M., Schoenwald, E., Surkis, L., & Gibbons, D. (2020). *Machine learning in children's services: Summary report. What Works for Children's Social Care*. Retrieved https: //whatworks-csc.org.uk/wp-content/uploads/WWCSC_machine_ learning_in_childrens_services_does_it_ work_Sep_2020_Accessible-4.pdf.

259. Lecher, C. (2018, March 21). What happens when an algorithm cuts your health care? *The Verge*. Retrieved from www. theverge. com/2018/3/21/ 17144260/healthcare-medicaid-algorithm-arkansas-cerebral-palsy.

260. Lee, C., Yang, T., Inchoco, G., Jones, G. M., & Satyanarayan, A. (2021). Viral visualizations: How coronavirus skeptics use orthodox data practices to promote unorthodox science online. *Proceedings of the 2021 CHI Conference on Human Factors in Computing Systems*, Yokohama, Japan. Association for Computing Machinery.

261. Lehtiniemi, T., & Ruckenstein, M. (2019). The social imaginaries of data activism. *Big Data & Society*, 6(1).

262. Lewis, J. E. (2021, May 28). From Impoverished Intelligence to Abundant Intelligence. *Medium*, Retrieved from https: //jasonedwardlewis. medium.com/from-impoverished-intelligence-to-abundant-intelligences-90559f718e7f.

263. Lewis, J. E. (Ed.). (2020). *Indigenous Protocol and Artificial Intelligence* [Position Paper] . Honolulu, Hawaii: The Initiative for Indigenous Futures and the Canadian Institute for Advanced Research(CIFAR).

264. Linklater, A. (2002). Cosmopolitan citizenship. In E. Isin & B. S. Turner(Eds.), *Handbook of Citizenship Studies* (pp.317—332). London: Sage.

265. Lister, R. (1997). *Citizenship: Feminist Perspectives.* Basingstoke: Macmillan.

266. Liu, W. (2019). *Abolish Silicon Valley.* London: Repeater Books.

267. Livingstone, S. (2019). Audiences in an age of datafication: Critical questions for media research. *Television & New Media*, 20(2): 170—183.

268. Lorenz, T., Browning, K., & Frenkel, S. (2020, June 21). TikTok teens and K-pop stans say they sank Trump's Tulsa rally. *The New York Times.*

269. Lum, K., & Isaac, W. (2016). To predict and serve. *Significance*, 13(5): 14—19. Retrieved from https: //rss.onlinelibrary.wiley.com/doi/full/10. 1111/j.1740-9713.2016.00960.x.

270. Lv, A., & Luo, T. (2018). Asymmetrical power between internet giants and users in China. *International Journal of Communication*, 12: 3877—3895. Retrieved from https: //ijoc.org/index.php/ijoc/article/view/8543.

271. Lyon, D. (2002). *Surveillance as Social Sorting: Privacy, Risk and Automated Discrimination.* New York: Routledge.

272. Lyon, D. (2015). *Surveillance after Snowden.* Cambridge: Polity Press.

273. Ma, W. (2022). The Future of Social Media in the Scoring Society: An Empirical Investigation of the Implications of the 2014—2020 Social Credit System for Social Media in China. [Doctoral thesis] . Cardiff University.

274. Madden, M., Gilman, M., Levy, K., & Marwick, A. (2017). Privacy, poverty, and big data: A matrix of vulnerabilities for poor Americans. *Washington University Law Review*, 95(1): pp.52—125.

275. Madianou, M. (2019). Technocolonialism: Digital innovation and data practices in the humanitarian response to refugee crises. *Social Media & Society*, 5(3): 1—13. doi: 10.1177/2056305119863314.

276. Maeckelbergh, M. (2016). From Digital Tools to Political Infrastructure. London: Sage.

277. Magalhães, J. C., & Couldry, N. (2020). Giving by taking away: Big Tech, data colonialism and the reconfiguration of social good. *International Journal of Communication*, 15: 343—362.

278. Maly, I. (2019a, November 26). Algorithmic populism and algorithmic activism. *Diggit Magazine*.

279. Maly, I. (2019b). New right metapolitics and the algorithmic activism of Schild & Vrienden. *Social Media & Society*, 5(2).

280. Manovich, L. (2012). Trending: The promises and the challenges of big social data. In M. K. Gold (Ed.), *Debates in the Digital Humanities* (pp.460—475). Minneapolis, MN: University of Minnesota Press.

281. Marazzi, C. (2008). Capital and Language: From the New Economy to the War Economy. Los Angeles, CA: Semiotext(e).

282. Marshall, T. H. (1950). *Citizenship and Social Class, and Other Essays*. Cambridge: Cambridge University Press.

283. Marwick, A., & Lewis, R. (2017). *Media Manipulation and Disinformation Online*. New York: Data & Society Research Institute.

284. Masiero, S., Milan, S., & Treré, E. (2021). COVID-19 from the margins: Crafting a (cosmopolitan) theory. *Global Media Journal-German Edition*, 11(1).

285. Masiero, S., & Shakthi, S. (2020). Grappling with Aadhaar: Biometrics, social identity and the Indian state. *South Asia Multidisciplinary Academic Journal*, 23.

286. Mateescu, A., & Nguyen, A. (2019). *Workplace Monitoring & Sur-*

veillance; *Data & Society*. Retrieved from https; //datasociety.net/wp-content/uploads/2019/02/DS_Workplace_Monitoring_Surveillance_Explainer.pdf.

287. McCann, D., Hall, M., & Warin, R. (2018). *Controlled by Calculations? Power and Accountability in the Digital Economy* [Report] . London; New Economics Foundation. Available at https; //neweconomics. org/2018/06/controlled-by-calculations.

288. McCandless, D., & Evans, T. (2021). World's biggest data breaches & hacks. *Information is Beautiful*. October. Retrieved from https; //www.informationisbeautiful.net/visualizations/worlds-biggest-data-breaches-hacks/.

289. McGeveran, W. (2019). The duty of data security. *Minnesota Law Review*, 103; 1135—1208.

290. McNevin, A. (2011). *Contesting Citizenship; Irregular Migrants and New Frontiers of the Political*. New York; Columbia University Press.

291. McQuillan, D. (2019, June 7). *AI Realism and Structural Alternatives*. Talk presented at the Data Justice Lab, Cardiff. Retrieved from http; //danmcquillan.io/ai_realism.html.

292. Medina, E. (2014). *Cybernetic Revolutionaries; Technology and Politics in Allende's Chile*. Cambridge, MA; MIT Press.

293. Mellado, C. (2011). Examining professional and academic culture in Chilean journalism and mass communication education. *Journalism Studies*, 12(3); 375—391.

294. Meng, A., & DiSalvo, C. (2018). Grassroots resource mobilization through counter-data action. *Big Data & Society*, 5(2).

295. Metcalfe, P., & Dencik, L. (2019). The politics of big borders; Data(in) justice and the governance of refugees. *First Monday*, 24(4). https; //doi.org/10.5210/fm.v24i4.9934.

296. Metz, R. (2018, August 17). This company embeds microchips in its employees, and they love it. *MIT Technology Review*. Retrieved from www.

156

technologyreview.com/2018/08/17/140994/this-company-embeds-microchips-in-its-employees-and-they-love-it/.

297. Mignolo, W. (2003). *The Darker Side of the Renaissance: Literacy, Territoriality, and Colonization*. Ann Arbor, MI: University of Michigan Press.

298. Mignolo, W. D., & Walsh, C. E. (2018). On decoloniality. Durham: Duke University Press.

299. Milan, S. (2013). Social Movements and Their Technologies: Wiring Social Change. Basingstoke: Palgrave Macmillan.

300. Milan, S. (2015). When algorithms shape collective action: Social media and the dynamics of cloud protesting. *Social Media & Society*, 1(2).

301. Milan, S. (2017). Data activism as the new frontier of media activism. In G. Yang & V. Pickard(Eds.), *Media Activism in the Digital Age* (pp.151—163). London & New York: Routledge.

302. Milan, S. (2018). Political agency, digital traces, and bottom-up data practices. *International Journal of Communication*, 12: 507—525.

303. Milan, S., & Treré, E. (2019). Big data from the South(s): Beyond data universalism. *Television & New Media*, 20(4): 319—335.

304. Milan, S., & Treré, E. (2020). The rise of the data poor: The COVID-19 pandemic seen from the margins. *Social Media & Society*, 6(3).

305. Milan, S., & Treré, E. (2021). Latin American visions for a Digital New Deal: Learning from critical ecology, liberation pedagogy and autonomous design. In S. Sarkar & A. Korjan(Eds.), *A Digital New Deal: Visions of Justice in a Post-Covid World* (pp.101—111). Bangalore, India: IT for Change. Retrieved from https: //itforchange.net/digital-new-deal/.

306. Milan, S., Treré, E., & Masiero, S. (2021). COVID-19 from the Margins: Pandemic Invisibilities, Policies and Resistance in the Datafied Society. Amsterdam: Institute of Network Cultures.

307. Milner, Y., & Traub, A. (2021). *Data Capitalism + Algorithmic*

157

Racism. Data for Black Lives and Demos. Retrieved from www.demos.org/sites/ default/files/2021-05/Demos_%20D4BL_Data_Capitalism_Algorithmic_Racism.pdf.

308. Mohamed, S., Png, M., & Isaac, W. (2020). Decolonial AI: Decolonial theory as sociotechnical foresight in artificial intelligence. *Philosophy & Technology*, 33(4): 659—684.

309. Molla, R. (2020, October 30). As COVID-19 surges, the world's biggest tech companies report staggering profits. Vox. Retrieved from www.vox. com/recode/2020/10/30/21541699/big-tech-google-facebook-amazon-apple-coronavirus-profits.

310. Molnar, P., & Gill, L. (2018). *Bots at the Gate: A Human Rights Analysis of Automated Decision-Making in Canada's Immigration and Refugee System.* Toronto: The Citizen Lab and University of Toronto. Retrieved from https://citizenlab.ca/wp-content/uploads/2018/09/IHRP-Automated-Systems-Report-Web-V2.pdf.

311. Moosavi, L. (2020). The decolonial bandwagon and the dangers of intellectual decolonisation. *International Review of Sociology*, 30(2): 332—354.

312. Morozov, E. (2014). *To Save Everything, Click Here: The Folly of Technological Solutionism.* New York: Public Affairs.

313. Morozov, E. (2015, June 23). Digital technologies and the future of data capitalism. *Social Europe.* Retrieved from https://socialeurope.eu/digital-technologies-and-the-future-of-data-capitalism.

314. Mosco, V. (2014). *To the Cloud: Big Data in a Turbulent World.* New York: Routledge.

315. Mosco, V. (2017). *Becoming Digital: Toward a Post-Internet Society.* Bingley, UK: Emerald.

316. Moss, G. (2017). Media, capabilities and justification. *Media Culture & Society*, 40(1): 94—109.

317. Mossberger, K., Tolbert, C., & McNeal, R. S. (2007). *Digital*

Citizenship: The Internet, Society, and Participation. Cambridge, MA: MIT Press.

318. Mouffe, C. (2000). The Democratic Paradox. London: Verso Books.

319. Moulier Boutang, Y. (2011). Cognitive Capitalism. Cambridge & Malden, MA: Polity Press.

320. Mulgan, G., & Straub, V. (2019). The New Ecosystem of Trust: How Data Trusts, Collaboratives and Coops Can Help Govern Data for the Maximum Public Benefit [Report]. Nesta. Retrieved from www.nesta.org.uk/blog/new-ecosystem-trust/.

321. Mumford, D. (2021). Data colonialism: Compelling and useful, but whither epistemes? Information, Communication & Society, 1—6.

322. Mutsvairo, B. (Ed.). (2018). The Palgrave Handbook of Media and Communication Research in Africa. Basingstoke: Palgrave Macmillan.

323. Naughton, J. (2019, April 7). Are big tech's efforts to show it cares about data ethics another diversion? The Guardian. Retrieved from www.theguardian.com/commentisfree/2019/apr/07/big-tech-data-ethics-diversion-google-advisory-council.

324. Nelson, A., Hawn, L., & Zanti, S. (2020). A framework for centering racial equity throughout the administrative data life cycle. International Journal of Population Data Science, 5(3): 1—10.

325. Newman, N. (2014). How big data enables economic harm to consumers, especially to low-income and other vulnerable sectors of the population. Journal of Internet Law, 18(6): 11—23.

326. Nguyen, T. (2020, August 12). How social justice slideshows took over Instagram. PowerPoint activism is everywhere on Instagram. Why do these posts look so familiar? Vox. www.vox.com/the-goods/21359098/social-justice-slideshows-instagram-activism.

327. Niklas, J., & Dencik, L. (2020). European Artificial Intelligence

158

Policy: Mapping the Institutional Landscape. Working Paper. Retrieved from https://datajusticeproject.net/wp-content/uploads/sites/30/2020/07/WP_AI-Policy-in-Europe.pdf.

328. Niklas, J., & Dencik, L. (2021). What rights matter? Examining the place of social rights in the EU's artificial intelligence policy debate. Internet Policy Review, 10(3). https://doi.org/10.14763/2021.3.1579.

329. Noble, S. U. (2018). Algorithms of Oppression. New York: New York University Press. OECD(2020). Innovative Citizen Participation and New Democratic Institutions: Catching the Deliberative Wave, Paris: OECD Publishing. https://doi.org/10.1787/339306da-en. O'Connor, K. L. P. (2003). Eliminating the rape-kit backlog: Bringing necessary changes to the criminal justice system. UMKC Law Review, 72: 193—214.

330. Office of Oversight and Investigations Majority Staff(2013). A review of the data broker industry: Collection, use, and sale of consumer data for marketing purposes, staff report for chairman rockefeller, Dec. 18. Retrieved from https://www.commerce.senate.gov/public/_cache/files/0d2b3642-6221-4888-a631-08f2f255b577/AE5D72CBE7F44F5BFC846BECE22C875B.12.18.13-senate-commerce-committee-report-on-data-broker-industry.pdf.

331. O'Hara, K. (2019). Data Trusts: Ethics, Architecture and Governance for Trustworthy Data Stewardship [White paper]. Web Science Institute. Retrieved from https://eprints.soton.ac.uk/428276/.

332. Olin Wright, E. (2019). How to be an Anti-Capitalist in the 21st Century. London: Verso. O'Neil, C. (2016a, September 1). How algorithms rule our working lives. The Guardian. Retrieved from www.theguardian.com/science/2016/sep/01/how-algorithms-rule-our-working-lives.

333. O'Neil, C. (2016b). Weapons of Math Destruction: How Big Data Increases Inequality and Threatens Democracy. New York: Crown Publishing.

334. Onuoha, M. (2018). On Algorithmic Violence: Attempts at Fleshing

Out the Concept of Algorithmic Violence. Retrieved from https: //github.com/ MimiOnuoha/On-Algorithmic-Violence.

335. Pangrazio, L. (2016). Reconceptualising critical digital literacy. Discourse: Studies in the Cultural Politics of Education, 37(2): 163—174.

336. Pangrazio, L., & Sefton-Green, J. (2020). The social utility of "data literacy". Learning, Media and Technology, 45(2): 208—220.

337. Papacharissi, Z. (2010). A Private Sphere: Democracy in a Digital Age. Cambridge: Polity Press.

338. Pappas, G. F. (2017). The limitations and dangers of decolonial philosophies: Lessons from Zapatista Luis Villoro. Radical Philosophy Review, 20(2): 265—295.

339. Pasquale, F. (2015). The Black Box Society: The Secret Algorithms That Control Money and Information. Boston, MA: Harvard University Press.

340. Pasquale, F. (2017). From territorial to functional sovereignty: The case of Amazon. Law and Political Economy. Retrieved from https: //lpeblog. org/2017/12/06/from-territorial-to-functional-sovereignty-the-case-of-amazon/.

341. Patriquin, L. (2020). Permanent Citizens' Assemblies: A New Model for Public Deliberation. London & New York: Rowman & Littlefield International.

342. Poon, M. (2016). Corporate capitalism and the growing power of big data: Review essay. Science, Technology & Human Values, 41(6): 1088—1108.

343. Potts, M. (2012, November 21). The collapse of black wealth. The American Prospect. Retrieved from https: //prospect. org/civil-rights/collapse-black-wealth/Qui, J., Gregg, M. & Crawford, K. (2014). Circuits of labour: A labour theory of the iPhone era. triple C, 12(2): 564—581.

344. Radcliffe, S. A. (2022). Decolonizing geography: An introduction. Cambridge: Polity Press.

345. Rahman, K. S., & Thelen, K. (2019). The rise of the platform business model and the transformation of twenty-first century capitalism.

159

Politics & Society, 47(2): 177—204.

346. Rainie, L., & Wellman, B. (2012). Networked: The New Social Operating System. Cambridge, MA: MIT Press.

347. Rainie, S. C., Kukutai, T., Walter, M., Figueroa-Rodriguez, O. L., Walker, J., & Axelsson, P. (2019). Indigenous data sovereignty. In T. Davies, S. B. Walker, M. Rubinstein & F. Perini(Eds.), The State of Open Data: Histories and Horizons (pp.300—319). Cape Town and Ottawa: African Minds and the International Development Research Centre(IDRC).

348. Rao, U., & Nair, V. (2019). Aadhaar: Governing with biometrics. South Asia: Journal of South Asian Studies, 42(3): 469—481.

349. Ratcliffe, R. (2019). How a glitch in India's biometric welfare system can be lethal. The Guardian, 16 October. Retrieved from https://www.theguardian.com/technology/2019/oct/16/glitch-india-biometric-welfare-system-starvation.

350. Ratto, M., & Boler, M. (Eds.). (2014). DIY Citizenship: Critical Making and Social Media. Cambridge, MA: MIT Press.

351. Rawls, J. (1971). A Theory of Justice. Oxford: Oxford University Press.

352. Redden, J. (2015). Big data as system of knowledge: Investigating Canadian governance. In G. Langlois, J. Redden & G. Elmer (Eds.), Compromised Data: From Social Media to Big Data (pp.17—39). New York: Bloomsbury.

353. Redden, J. (2018a). Democratic governance in an age of datafication: Lessons from mapping government discourses and practices. Big Data & Society, July. https://doi.org/10.1177/2053951718809145.

354. Redden, J. (2018b). The harm that data do. Scientific American, 319(5). Retrieved from https://datajusticelab.org/data-harm-record/www.scientificamerican.com/article/the-harm-that-data-do/.

355. Redden, J., Brand, J., & Terzieva, V. (2020). Data Harm Record.

160

Data Justice Lab. Retrieved from https：//datajusticelab.org/data-harm-record/.

356. Redden, J., Dencik, L., & Warne H. (2020). Datafied child welfare services：Politics, economics and power. *Policy Studies*, 41(5)：507—526. doi：10.1080/01442872.2020.1724928.

357. Reilly, K. (2020, April). The challenge of decolonizing big data through citizen data audits. *Big Data Sur*. Retrieved from https：//data-activism. net/2020/04/bigdatasur-the-challenge-of-decolonizing-big-data-through-citizen-data-audits-1-3/.

358. Rheingold, H. (2002). *Smart mobs：The next social revolution*. Basic Books.

359. Ricaurte, P. (2019). Data epistemologies, the coloniality of power, and resistance. *Television & New Media*, 20(4)：350—365.

360. Richardson, R., Schultz, J. M., & Southerland, V. (2019). Litigating Algorithms 2019 US Report：New Challenges to Government Use of Algorithmic Decision Systems. AI Now. September. Retrieved from https：// ainowinstitute.org/litigatingalgorithms-2019-us.pdf.

361. Richardson, R. (2021). Racial segregation and the data-driven society：How our failure to reckon with root causes perpetuates separate and unequal realities. *Berkeley Technology Law Journal*, 36(3)：101—139. Retrieved from https：//ssrn.com/abstract=3850317.

362. Ringer, F. (1992). *Fields of Knowledge：French Academic Culture in Comparative Perspective*, 1890—1920. Cambridge：Cambridge University Press.

363. Roberts, D. (2019). Digitizing the Carceral State. *Harvard Law Review*, 132：1695—1728.

364. Robertson, K., Khoo, C., & Song, Y. (2020). *To Surveil and Predict：A Human Rights Analysis of Algorithmic Policing in Canada*. Toronto：The Citizen Lab and University of Toronto. https：//citizenlab.ca/wp-

content/uploads/2020/09/To-Surveil-and-Predict.pdf.

365. Roberts, D. E. (2019). Book Review: *Digitizing the Carceral State*. Harvard Law Review, 132: 1695—1728.

366. Rodríguez, C. (2001). *Fissures in the Mediascape: An International Study of Citizens' Media*. Mahwah, NJ: Hampton Press.

367. Rodríguez, C. (2017). Studying media at the margins: Learning from the field. In V. Pickard & G. Yang(Eds.), *Media Activism in the Digital Age* (pp.49—60). London & New York: Routledge.

368. Rosenblat, A., Wikelius, K., boyd, d., Gangadharan, S. P., & Yu, C. (2014). Data & civil rights: Employment primer. *Data & Society*, Retrieved from http: //www.datacivilrights.org/pubs/2014-1030/Employment.pdf.

369. Ruppert, E., Harvey, P., Lury, C., Mackenzie, A., McNally, R., Baker, S. A., Kallianos, Y., & Lewis, C. (2015). *Background: A Social Framework for Big Data*. Project Report. CRESC, University of Manchester and Open University. Available at http: //research.gold.ac.uk/13484/1/SFBD% 20Background.pdf.

370. Ruppert, E., Isin, E., & Bigo, D. (2017). Data politics. *Big Data & Society*, July—December: 1—7. Retrieved from http: //journals.sagepub.com/ doi/abs/10.1177/2053951717717749 Sadowski, J. (2019). When data is capital: Datafication, accumulation, and extraction. *Big Data & Society*, January— June: 1—12.

371. Sadowski, J. (2020a). The internet of landlords: Digital platforms and new mechanisms of rentier capitalism. *Antipode*, 52(2): 562—580.

372. Sadowski, J. (2020b). *Too Smart: How Digital Capitalism is Extra-cting Data, Controlling Our Lives, and Taking Over the World*. Cambridge, MA: MIT Press.

373. Salganik, M. J., Lundberg, I., Kindel, A. T., Ahearn, C. E., Al-Ghoneim, K., Almaatouq, A., Altschul, D. M., Brand, J. E., Carnegie,

161

N. B., Compton, R. J., & Datta. D. (2020). Measuring the predictability of life outcomes with a scientific mass collaboration. *Proceedings of the National Academy of Science*, 117：8398—8403. doi：10.1073/pnas.1915006117.

374. Sánchez-Monedero, J., & Dencik, L. (2018). *How to (Partially) Evaluate Automated Decision Systems*. [Working Paper]. Datajusticeproject. net. Retrieved from https：//datajusticeproject. net/wp-content/uploads/sites/30/ 2018/12/WP-How-to-evaluate-automated-decision-systems.pdf.

375. Sánchez-Monedero, J., & Dencik, L. (2020, August 3). The politics of deceptive borders："Biomarkers of deceit" and the case of iBorderCtrl. *Information, Communication & Society*. doi：10.1080/1369118X.2020.1792530.

376. Sánchez-Monedero, J., Dencik, L., & Edwards, L. (2020). What does it mean to "solve" the problem of discrimination in hiring? Social, technical and legal perspectives from the UK on automated hiring systems. *FAT* 20：ACM Proceedings of the 2020 Conference on Fairness, Accountability and Transparency*, pp.458—468. https：//doi.org/10.1145/3351095.3372849.

377. Sandel, M. (2010). *Justice：What's the Right Thing To Do?* London：Penguin Books.

378. Sander, I. (2020). What is critical big data literacy and how can it be implemented? *Internet Policy Review*, 9(2)：1—22. Retrieved from https：// policyreview.info/articles/analysis/what-critical-big-data-literacy-and-how-can-it-be-implemented.

379. Sanders, M. (2020, September). Machine learning：Now is a time to stop and think. *What Works for Children's Social Care*. Retrieved from https：// whatworks-csc.org.uk/blog/machine-learning-now-is-a-time-to-stop-and-think.

380. San Francisco Chronicle(1993, January 1). Clinton offers a high-tech plan：$17 billion initiative unveiled in Silicon Valley. *San Francisco Chronicle*.

381. Santos, B. (2014). *Epistemologies of the South：Justice against Epistemicide*. London：Routledge.

382. Sastre Domínguez, P., & Gordo López, Á. J. (2019). Data activism versus algorithmic control: New governance models, old asymmetries. *Revista Científica de Información y Comunicación*, (16): 183—208.

383. Scholz, T. (Ed.). (2013). *Digital Labor: The Internet as Playground and Factory*. New York & London: Routledge.

384. Schrock, A. R. (2016). Civic hacking as data activism and advocacy: A history from publicity to open government data. *New Media & Society*, 18(4): 581—599.

385. Scott, J. (1999). *Seeing Like a State: How Certain Schemes to Improve the Human Condition Have Failed*. New Haven, CT: Yale University Press.

386. Segura, M. S., & Waisbord, S. (2019). Between data capitalism and data citizenship. *Television & New Media*, 20(4): 412—419.

387. Sell, Susan K. (2013). The revenge of the "nerds": Collective action against intellectual property maximalism in the Global Information Age. *International Studies Review*, 15(1): 67—85.

388. Sen, A. (2009). *The Idea of Justice*. Cambridge, MA: Harvard University Press. Singh, R., & Guzmán, L. R. (2021). *Parables of AI in/from the Global South*. http://ranjitsingh.me/parables-of-ai-in-from-the-global-south/.

389. Smith, G. (2009). *Democratic Innovations: Designing Institutions for Citizen Participation*. Cambridge: Cambridge University Press.

390. Smith, L. T. (2012). *Decolonizing Methodologies: Research and Indigenous Peoples*. London: Zed Books.

391. Snow, J. (2018, July 26). Amazon's face recognition falsely matched 28 Members of Congress with mugshots. *American Civil Liberties Union (ACLU)*. Retrieved from www.aclunc.org/blog/amazon-s-face-recognition-falsely-matched-28-members-congress-mugshots.

392. Solon, O. (2017). Big brother isn't just watching: Workplace sur-

162

viellance can track your every move. *The Guardian*, 6 November. Retrieved from https：//www.theguardian.com/world/2017/nov/06/workplace-surveillance-big-brother-technology.

393. Solove, D. J., & Citron, D. (2016). Risk and anxiety：A theory of data breach harms. *Texas Law Review*, 96(737). Retrieved from https：//ssrn.com/abstract=2885638.

394. Soysal, Y. N. (1994). *Limits of Citizenship：Migrants and Postnational Membership in Europe*. Chicago, IL：The University of Chicago Press.

395. Spade, D. (2011). *Normal Life：Administrative Violence, Critical Trans Politics and the Limits of the Law*. Boston, MA：South End Press.

396. Srnicek, N. (2017). *Platform Capitalism*. Cambridge：Polity Press.

397. Srnicek, N. (2020). Data, compute, labour. *Ada Lovelace Institute*. Available at www.adalovelaceinstitute.org/data-compute-labour/.

398. Standing, G. (2012). *The Precariat：The New Dangerous Class*. London：Bloomsbury. Stark, L., Greene, D., & Hoffmann, A. L. (2021). Critical perspectives on governance mechanisms for AI/ML systems. In J. Roberge & M. Castelle(Eds.), *The Cultural Life of Machine Learning*. Cham, Switzerland：Palgrave Macmillan. https：//doi.org/10.1007/978-3-030-56286-1_9.

399. Sutherland, C., Mazeka, B., Buthelezi, S., Khumalo, D., & Martel, P. (2019). Making informal settlements "visible" through datafication：A case study of Quarry Road West Informal Settlement, Durban, South Africa. *Development Informatics Working Paper*, 83.

400. Suzina, A. (2020). English as *lingua franca*：Or the sterilisation of scientific work. *Media, Culture & Society*, 43(1)：171—179.

401. Taylor, J. (2019, August 14). Major breach found in biometrics system used by banks, UK police and defence firms. *The Guardian*, 14 August. Retrieved from https：//www.theguardian.com/technology/2019/aug/14/major-breach-found-in-biometrics-system-used-by-banks-uk-police-and-defence-

firms#:~:text=The%20fingerprints%20of%20over%201, police%2C%20defence%20contractors%20and%20banks.

402. Taylor, L., & Dencik, L. (2020). Constructing Commercial Data Ethics. *Technology and Regulation*, 2020, 1—10. https://doi.org/10.26116/techreg.2020.001.

163

403. Taylor, L., & Dencik, L. (2020, October 4). Constructing commercial data ethics. *Regulation & Technology*.

404. Taylor, L., Sharma, G., Martin, A., & Jameson, S. (Eds.). (2020). *Data Justice and COVID-19: Global Perspectives*. London: Meatspace Press.

405. Terranova, T. (2000). Free labour: Producing culture for the digital economy. *Social Text*, 63, 18(2).

406. Thatcher, J., O'Sullivan, D., & Mahmoudi, D. (2016). Data colonialism through accumulation by dispossession: New metaphors for daily data. *Environment and Planning D: Society and Space*, 34(6): 990—1006.

407. The Economist. (2016, December 17). China invents the digital totalitarian state. *The Economist*. Retrieved from www.economist.com/briefing/2016/12/17/china-invents-the-digital-totalitarian-state.

408. The Royal Society. (2017). *Data Management and Use: Governance in the 21st Century*. A joint report by the British Academy and the Royal Society. Available at https://royalsociety.org/-/media/policy/projects/data-governance/data-management-governance.pdf.

409. Thompson, P., & Briken, K. (2017). Actually existing capitalism: Some digital delusions. In K. Briken, S. Chillas, M. Krzywdzinski & A. Marks (Eds.), *The New Digital Workplace: How New Technologies Revolutionise Work* (pp.241—263)(Critical Perspectives on Work and Employment). Basingstoke: Macmillan.

410. Tilly, C. (1997). A primer on citizenship. *Theory and Society*, 26(4): 599—602.

411. Tilly, C. (2008). *Contentious Performances*. Cambridge: Cambridge University Press. Tilly, C., & Tarrow, S. G. (2015). *Contentious Politics*. Oxford: Oxford University Press.

412. Toh, A. (2020). Dutch ruling a victory for rights of the poor. *Human Rights Watch*. Retrieved from www.hrw.org/news/2020/02/06/dutch-ruling-victory-rights-poor.

413. Toupin, S. (2016). Gesturing towards anti-colonial hacking and its infrastructure. *Journal of Peer Production*, 9.

414. Treré, E. (2012). Social movements as information ecologies: Exploring the coevolution of multiple Internet technologies for activism. *International Journal of Communication*, 6, 19.

415. Treré, E. (2015). Reclaiming, proclaiming, and maintaining collective identity in the# YoSoy132 movement in Mexico: An examination of digital frontstage and backstage activism through social media and instant messaging platforms. *Information, Communication & Society*, 18(8): 901—915.

416. Treré, E. (2016). The dark side of digital politics: Understanding the algorithmic manufacturing of consent and the hindering of online dissidence. *IDS Bulletin*, 47(1).

417. Treré, E. (2019). *Hybrid Media Activism: Ecologies, Imaginaries, Algorithms*. Abingdon: Routledge.

418. Treré, E., & Bonini, T. (2022, forthcoming). Amplification, evasion, hijacking: algorithms as repertoire for social movements and the struggle for visibility. *Social Movement Studies*.

419. Tronti, M. (1962). Factory and society. *Operaismo in English*. Available at https://operaismoinenglish.files.wordpress.com/2013/06/factory-and-society.pdf.

420. Trottier, D. (2015). Open source intelligence, social media and law enforcement: Visions, constraints and critiques. *European Journal of Cultural*

164

Studies, 18(4—5): 530—547.

421. Tuck, E., & Yang, K. W. (2012). Decolonization is not a metaphor. Decolonization: Indigeneity, Education & Society, 1(1): 1—40.

422. Tufekci, Z. (2017). *Twitter and Tear Gas: The Power and Fragility of Networked Protest.* New Haven, CT: Yale University Press.

423. Turner, B. S. (2009). T. H. Marshall, social rights and English national identity. *Citizenship Studies,* 13(1): 65—73.

424. Turner, B. S. (2017). Contemporary citizenship: Four types. *Journal of Citizenship and Globalisation Studies,* 1(1): 10—23.

425. Uldam, J. (2018). Social media visibility: Challenges to activism. *Media, Culture & Society,* 40(1): 41—58.

426. van den Hoven, J., & Rooksby, E. (2008). Distributive justice and the value of information: A(broadly) Rawlsian approach. In J. van denHoven & J. Weckert(Eds.), *Information Technology and Moral Philosophy* (pp. 376—396). Cambridge: Cambridge University Press.

427. Van Dijck, J. (2014). Datafication, dataism and dataveillance: Big Data between scientific paradigm and ideology. *Surveillance & Society,* 12(2): 197—208.

428. Van Doorn, N., & Badger, A. (2020). *Where Data and Finance Meet: Dual Value Production in the Gig Economy. Working Paper. Platform Labor.* Retrieved from https: //platformlabor. net/output/dual-value-production-gig-economy.

429. Veale, M., & Brass, I. (2019). Administration by Algorithm? Public Management Meets Public Sector Machine Learning. In K. Yeung and M. Lodge (Eds.), *Algorithmic Regulation.* Oxford: Oxford University Press.

430. Velkova, J., & Kaun, A. (2021). Algorithmic resistance: Media practices and the politics of repair. *Information, Communication & Society,* 24(4): 523—540.

431. Vera, L. A., Walker, D., Murphy, M., Mansfield, B., Siad, L. M., Ogden, J., & EDGI(2019). When data justice and environmental justice meet: Formulating a response to extractive logic through environmental data justice. *Information, Communication & Society*, 22(7): 1012—1028.

432. Vercellone, C. (2005, November 4—5). *The hypothesis of cognitive capitalism*. [Conference presentation]. *Historical Materialism Annual Conference, Birkbeck College and SOAS*. Retrieved from https://halshs.archives-ouvertes.fr/file/index/docid/273641/filename/The _ hypothesis _ of _ Cognitive _ Capitalismhall.pdf.

433. Viljoen, S. (2020). A relational theory of data governance. *Yale Law Journal*, 131(2): 573—654. Available at SSRN: https://ssrn.com/abstract= 3727562.

434. Vivienne, S., McCosker, A., & Johns, A. (2016). Digital citizenship as fluid interface: Between control, contest and culture. In A. McCosker, S. Vivienne & A. Johns(Eds.), *Negotiating Digital Citizenship: Control, Contest and Culture* (pp.1—18). London: Rowman & Littlefield.

435. Wachter, S., Mittelstadt, B., & Floridi, L. (2017). Why a right to explanation of automated decision-making does not exist in the General Data Protection Regulation. *International Data Privacy Law*, 7(2): 76—99.

436. Wagner, B. (2018). Ethics as an escape from regulation: From "ethics-washing" to ethics-shopping? In E. Bayamlioglu, I. Baraliuc, L. Janssens & M. Hildebrandt(Eds.), *Being Profiled*. Amsterdam: Amsterdam University Press.

437. Wahl-Jorgensen, K., Bennett, L., & Taylor, G. (2017). The normalization of surveillance and the invisibility of digital citizenship: Media debates after the Snowden revelations. *International Journal of Communication*, 11: 740—762. Retrieved from https://ijoc.org/index.php/ijoc/article/view/5523.

165

438. Waisbord, S., & Mellado, C. (2014). De-westernizing communication studies: A reassessment. *Communication Theory*, 24(4): 361—372.

439. Wallerstein, I. (2004). *World-Systems Analysis*. Durham, NC: Duke University Press. Walter, M. (2020). Indigenous sovereignty and the Australian state: Relations in a globalising era. In A. Moreton-Robinson(Ed.), *Sovereign Subjects* (pp.155—167). Abingdon: Routledge.

440. Walzer, M. (1970). *Obligations: Essays on Disobedience, War, and Citizenship*. Cambridge, MA: Harvard University Press.

441. Wark, M. (2019). *Capital is Dead: Is this Something Worse?* London: Verso. Whittaker, M. (2021, February 5). *Ethics of AI in the Workplace* [Conference presentation]. International Conference on AI in Work, Innovation, Productivity, and Skills. Paris: OECD.

442. Whittaker, M., Alper, M., Bennett, C. L., Henren, S., Kaziunas, L., Mills, M., Morris, M. R., Rankin, J., Rogers, E., Salas, M., & Myers West, S. (2019, November). *Disability, Bias, and AI*. New York: AI Now Institute. Retrieved from https: //ainowinstitute.org/disability-biasai-2019.pdf.

443. Whitaker, M., Crawford, K., Dobbe, R., Fried, G., Kaziunas, E., Mathur, V., Myers West, S., Richardson, R., Schultz, J., & Schwartz, O. (2018). *AI Now Report 2018*, Retrieved https: //ainowinstitute.org/AI_Now_2018_Report.pdf.

444. Willow, A. J. (2013). Doing sovereignty in Native North America: Anishinaabe counter-mapping and the struggle for land-based self-determination. *Human Ecology*, 41(6): 871—884.

445. Winickoff, D. E., & Winickoff, R. N. (2003). The Charitable Trust as a model for genomic biobanks. *New England Journal of Medicine*, 349(12): 1180—1184.

446. Wizner, B. (2017). What changed after Snowden? A US perspective.

International Journal of Communication, 11: 897—901.

447. Wolf, A. (2021). Robodebt was an algorithmic weapon of calculated political cruelty. *The Canberra Times*, 14 April. Retrieved from https: //www. canberratimes.com.au/story/6775350/robodebt-was-an-algorithmic-weapon-of-calculated-political-cruelty/.

448. Wood, A. J. (2020). *Despotism on Demand: How Power Operates in the Flexible Workplace*. Ithaca, NY: Cornell University Press.

449. Wood, A. J., & Lehdonvirta, V. (2021). Antagonism beyond employment: How the "subordinated agency" of labour platforms generates conflict in the remote gig economy. *Socio-Economic Review*, 19(4): 1369—1396.

450. Woolley, S. C., & Howard, P. N. (2016). Automation, algorithms, and politics| political communication, computational propaganda, and autonomous agents — Introduction. *International Journal of Communication*, 10(9).

451. Yang, G. (2016). Narrative agency in hashtag activism: The case of #BlackLivesMatter. *Media and Communication*, 4(4): 13.

452. Yeung, K. (2017). "Hypernudge": Big Data as a mode of regulation by design. *Information, Communication & Society*, 20(1): 118—136.

453. Yeung, K. (2018). Algorithmic regulation: A critical interrogation. *Regulation and Governance*, 12(4): 505—523.

454. Yeung, K., & Lodge, M. (eds.)(2019). *Algorithmic Regulation*. Oxford: Oxford University Press.

455. Young, I. M. (2011). *Justice and the Politics of Difference*. Princeton, NJ & Oxford: Princeton University Press.

456. Zivi, K. (2012). *Making Rights Claims: A Practice of Democratic Citizenship*. Oxford: Oxford University Press.

457. Žižek, S. (n. d.). Appendix: Multiculturalism, the Reality of an Illusion. Retrieved from www.lacan.com/essays/?page_id-454.

458. Zuboff, S. (2015). Big Other: Surveillance capitalism and the

166

prospect of an information civilization. *Journal of Information Technology*, 30(1): 75—89.

459. Zuboff, S. (2019). *The Age of Surveillance Capitalism: The Fight for a Human Future at the New Frontier of Power*. New York: Profile Books.

460. Zysman, M., & Kenney, M. (2018). The next phase in the digital revolution. *Communications of the ACM*, 81(2).

索　引

（索引中的页码为原书页码，即本书边码）

15M 运动(15M movement)，118　　　　　　　　　　　　　　167

印度数字身份认证系统"阿达哈尔"(Aadhaar identification system, India)，50、66、70

反规范的正义(abnormal justice)，125、128—130、135

行动主义，见数据行动主义(activism see data activism)

敏捷转向(agile turn)，22

开源软件(AI Now)，38、64

阿扎德·阿克巴里(Akbari, Azadeh)，56

O. B. 阿尔布(Albu, O. B.)，119

算法行动主义(algoactivism)，119

算法的行动主义/政治(algorithmic activism/politics)，115—119

算法殖民主义(algorithmic colonialism)，52

算法治理，见政府对算法系统的使用(algorithmic governance see government uses of algorithmic systems)

算法"划红线"(algorithmic redlining)，62、63

算法阻断(algorithmic resistance)，116

另类右翼行动主义(alt-right activism)，116

199

亚马逊(Amazon), 12、15、34、64、131

美国公民自由联盟(American Civil Liberties Union), 64、68

国际特赦组织(Amnesty International), 35、71、101

L. 埃穆尔(Amoore, L.), 33、130

阿鲁姆特·萨雷塔(Amrute, Sareeta), 53

尼迪克特·安德森(Anderson, Benedict), 29

马克·安德列耶维奇(Andrejevic, Mark), 83、84、86

A. 安尼士(Aneesh, A.), 29

朱丽娅·安格温(Angwin, Julia), 63

反资本主义(anti-capitalism), 23、24

预测系统, 见预期系统(anticipatory systems see predictive systems)

伊拉·安贾利·安瓦尔(Anwar, Ira Anjali), 61

M. 亚乌罗(Aouragh, M.), 84

苹果(Apple), 12、15

汉娜·阿伦特(Arendt, Hannah), 33

人工智能(artificial intelligence, AI), 21、86

伦理(ethics), 131

政策(policy), 93、102、132

钦马伊·阿伦(Arun, Chinmayi), 54

注意力经济(attention economy), 17

澳大利亚(Australia), 34、68、69

自动债务追讨系统(automated debt recovery system), 68、69

自动欺诈检测系统(automated fraud detection systems), 34、69

自动招聘系统(automated recruitment systems), 64

自动福利资格系统(automated welfare eligibility systems), 70

自动化决策系统 [automatic decision-making (ADS) systems]

S. M. 麻(Bâ, S. M.), 46

A. 巴杰(Badger, A.), 19

V. 巴拉西(Barassi, V.), 80

巴塞罗那(Barcelona), 5、51、99

英国广播公司(BBC), 70

大卫·比尔(Beer, David), 26

达维德·贝拉多(Beraldo, Davide), 108—111、115

R. 巴尔加瓦(Bhargava, R.), 85

E. 别蒂(Bietti, E.), 96

来自南方研究倡议的大数据(Big Data from the South Research Initiative, BigDataSur), 53、54

阿贝巴·比尔哈恩(Birhane, Abeba), 52

黑人的命也是命(Black Lives Matter), 116

黑名单(blacklisting), 67、68

H. 布洛赫-韦巴(Bloch-Wehba, H.), 38

边界控制(border control), 77

皮埃尔·布迪厄(Bourdicu, Pierre), 30

I. 布拉斯(Brass, I.), 38

巴西(Brazil), 113、114

I. 布鲁诺(Bruno, I.), 112

泰娜·布彻(Bucher, Taina), 115

塞利斯·布埃诺(Bueno, Celis), 17

乔伊·布奥兰姆维尼(Buolamwini, Joy), 64、65

卡罗琳娜·奥纳特·布尔戈斯(Burgos, Carolina Onate), 61

卡罗尔·卡德瓦拉德(Cadwalladr, Carole), 67

斯特凡诺·卡尔扎蒂(Calzati, Stefano), 53

剑桥分析公司(Cambridge Analytica), 67

加拿大(Canada), 30、113

能力要素法(capabilities approach), 127

数据与资本主义(capitalism and data), 11—24

反资本主义的数据正义(data justice as anti-capitalism)，23、24

信用评级公司(credit-rating companies)，34、62

大型科技公司的崛起(rise of Big Tech)，13—16

数据化下的社会关系(social relations under datafication)，20、23

数据的价值(value of data)，16—20

资本主义的现实主义(capitalist realism)，24

汽车保险定价(car insurance pricing)，63

保罗·卡杜罗(Cardullo, Paolo)，81、82

E. 卡尔米(Carmi, E.)，85

人口普查数据(census data)，29、30

美国媒体正义中心(Center for Media Justice, USA)，4

英国数据伦理与创新中心 [Centre for Data Ethics and Innovation (CDEI), UK]，94、102、131

希尔达·查(Chacón, Hilda)，47

J. 切尼·利波尔德(Cheney-Lippold, J.)，77、78

儿童福利系统(child welfare systems)，27、37

劳动力循环(circuit of labour)，21

@citeblack-women 集体(@citeblack-women Collective)，49

公民审计(citizen audits)，86

公民—消费者概念(citizen-consumer concept)，75、79、82

公民身份(citizenship)，73—87

行动主义、素养与参与(activism, literacy and participation)，84—86

数据化的(datafication of)，76—81

数据化的民主挑战(democratic challenge of datafication)，81—84

数字公民身份(digital citizenship)，75、76、84、85

基于实践(as practice)，75、76

评分系统(scoring systems)，78—83

基于地位(as status)，74、75

D. J. 西特伦(Citron，D. J.)，60、66

公民参与(civic engagement)，84、86

阶级关系(class relations)，21

分类系统(classification systems)，22、23、28—30

气候正义(climate justice)，24

比尔·克林顿(Clinton，Bill)，14

认知资本主义(cognitive capitalism)，16、17

朱莉·科恩(Cohen，Julie)，18

H. 柯林斯(Collins，H.)，36、37

帕特里夏·希尔·柯林斯(Collins，Patricia Hill)，110

殖民主义(colonialism)

数据殖民主义(data colonialism)，20、21、52、53

数据系统作为工具(data systems as tools for)，29、30、113

J. 科马罗夫(Comaroff，J.)，45、47

J. L. 科马罗夫(Comaroff，J. L.)，45、47

传播学白人化运动(#CommunicationSoWhite movement)，49

计算宣传(computational propaganda)，115

A. 康罗伊(Conroy，A.)，112

同意悖论(consent fallacy)，95

用户画像(consumer profiling)，79

算法争议性政治(contentious politics of algorithms)，115、116

数据争议性政治(contentious politics of data)，108

弗兰齐斯卡·库曼(Cooiman，Franziska)，15

萨沙·科斯坦萨·乔克(Costanza-Chock，Sasha)，52、65、113

尼克·库尔德里(Couldry，Nick)，43、44、52、53、80、107、127、128

反数据行动/映射(counter-data action/mapping)，112—114

来自边缘的 COVID-19 项目(COVID 19 from the Margins project)，
49—51、56

新型冠状病毒肺炎大流行(COVID-19 pandemic)，15、34、50、51、54、114

信用评级公司(credit-rating companies)，34、62

关联信用度(creditworthiness by association)，62

犯罪地图(crime maps)，32

关键大数据素养(critical big data literacy)，85

批判性种族理论(critical race theory)，54、55

肯尼斯·库克耶(Cukier, Kenneth,) 1、42、43

P. D. 卡尔佩(Culpepper, P. D.)，22

M. 柯里(Currie, M.)，112

网络材料转移(cyber-material détournement)，116

马尔基亚·赛丽尔(Cyril, Malkia)，127、130

C. 道尔顿(Dalton, C.)，112

黑暗广告(dark ads)，67

数据行为主义(data activism)，84、105—121

算法政治/行为主义(algorithmic politics/activism)，115—119

反数据行动/映射(counter-data action/mapping)，112—114

数据政治(data politics)，108

生态(ecologies)，109、110

基础设施(infrastructures)，110、111

主动与被动(proactive and reactive)，109、110

社会想象(social imaginaries)，111

数据代理(data agency)，107、108

数据作为指令表(data as repertoire)，111

数据作为利害关系(data as stakes)，111

数据泄露(data breaches)，65、66

数据公民(data civics)，83

数据阶级(data classes)，21

数据殖民主义(data colonialism)，20、21、52、53

数据合作社(data cooperatives)，98、99

数据帝国(data empire)，52

数据伦理(data ethics)，94、102、131—133

数据危害(data harms)，59—72

数据泄露(data breaches)，65、66

歧视(discrimination)，62—65、70、71

生活所必需被排除在外(exclusion from necessities for life)，67—70

剥削(exploitation)，62

不公正(injustice)，70、71

操纵(manipulation)，67、115、117

数据素养(data literacy)，84、85

数据国有化(data nationalization)，99

数据政策(data policy)，89—104、131

人工智能政策［artificial intelligence(AI) policy］，93、102、132

数据伦理(data ethics)，94、102、131—133

数据个人主义(data individualism)，96、97

数据本地化(data localization)，99

数据管理(data stewardship)，98—100

知情用户概念(informed user concept)，95、97

话语、规范与利益(interests, norms and discourses)，100—103

监管框架(regulatory frameworks)，91—95

监视政策(surveillance policy)，91—94、100、101

阿图罗·埃斯科瓦尔(Escobar, Arturo)，47、55

用户授权(user empowerment)，92、93、95—97

数据政治(data politics)，108

数据保护法案(1998)［Data Protection Act (1998), UK］，91

数据保护法案(2018)［Data Protection Act (2018), UK］，91、92

169

数据保留和调查权力法案(2014) [Data Retention and Investigatory Powers Act (DRIPA)(2014), UK] , 91、92

欧盟数据保留指令(Data Retention Directive, EU), 92

数据管理(data stewardship), 98—100

数据信托(data trusts), 98、99

数据普世主义(data universalism), 42—46

数据暴力(data violence), 29、60

另见数据危害(see also data harms)

数据化治理, 见政府使用算法系统(datafied governance see government uses of algorithmic systems)

数据主义国家(dataist state), 29

凯文·德·利班(De Liban, Kevin), 69

数据研究的去西方化(de-westernization of data studies), 41—56

学术文化(academic cultures), 48、49

假设、条件和意义(assumptions, conditions and meanings), 46—48

问题和案例(issues and cases), 49—51

数据普世主义的问题(problem with data universalism), 42—46

理论框架(theoretical frameworks), 51—55

自动债务追讨系统(debt recovery systems, automated), 68、69

非殖民主义理论(decolonial theories), 51、53

协商方法(deliberative methods), 85、86

M. 狄密特(Demeter, M.), 49

对民主的挑战(democracy, challenges for), 81—84

驱逐出境(deportation), 68

A. 德罗西埃(Desrosières, A.), 30、31

非法拘留(detention, unlawful), 68

底特律数字正义联盟(Detroit Digital Justice Coalition, USA, 4 Didier, E.), 112

差别定价(differential pricing)，62、63

数字宪章(Digital Charter，UK)，94

数字公民身份(digital citizenship)，75、76、84、85

数字发展工作论文系列(Digital Development Working Paper Series)，50

数字经济，见资本主义与数据(digital economy see capitalism and data)

英国数字经济法案 [Digital Economy(DE) Act(2017)，UK]，92、93、94

数字劳动力(digital labour)，17

戴安娜·迪勒(Diller，Diana)，66

C. 迪萨尔沃(DiSalvo，C.)，112

歧视(discrimination)，62—65、70、71

正义分配范式(distributive paradigm of justice)，124、125、127

帕姆·迪克森(Dixon，Pam)，62

乌尔里希·多拉塔(Dolata，Ulrich)，115

"别监听我们"联盟(Don't Spy On Us coalition)，100

莎拉·德拉诺夫(Dranoff，Sarah)，66

M. 达菲尔德(Duffield，M.)，33

电子验证系统(E-Verify System)，67、68

L. 爱德华兹(Edwards，L.)，93、95、96

监视和控制员工(employee surveillance and control)，66

学术界的英语(English language，in academia)，49

环境数据与治理倡议 [Environmental Data & Governance Initiative (EDGI)]，4

环境数据正义(environmental data justice)，4、55、110

阿图罗·埃斯科瓦尔(Escobar，Arturo)，47、55

阿尔贝托·埃斯科奇(Escorcia，Alberto)，117

道德清洗(ethics-washing)，132

M. 埃特尔(Etter，M.)，119

弗吉尼亚·尤班克斯(Eubanks, Virginia), 37—39、70

欧洲人权和基本自由保护公约 [European Convention for the Protection of Human Rights and Fundamental Freedoms (ECHR)], 92

欧洲人权法院(European Court of Human Rights), 101

欧洲法院(European Court of Justice), 92

欧盟数据政策(European Union data policy), 92、93

人工智能政策 [artificial intelligence (AI) policy], 93、102、132

通用数据保护条例(General Data Protection Regulation, GDPR), 92、94、95、99、101、131

欧洲普世主义(European universalism), 46

T. 埃文斯(Evans, T.), 65

益百利(Experian), 34、65、79

剥削(exploitation), 62

掠夺性逻辑(extractive logics), 20、66、70

脸书(Facebook), 12、15、17、63—67、96、131

人脸识别系统(facial recognition systems), 64、65、86

正义即公平(fairness, justice as), 125、126

数据中的信任("faith in data"), 26、27

极右翼行为主义(far-right activism), 116

美国联邦贸易委员会(Federal Trade Commission, USA), 62

K. 菲尔德(Field, K.), 114

2008 年金融危机 [financial crisis (2008)], 14、15、23

马克·费舍尔(Fisher, Mark), 24

S. 弗伦斯堡(Flensburg, S.), 1

A. 福特普罗(Fotopoulou, A.), 85

M. 弗尔卡德(Fourcade, M.), 29、32

脆弱家庭和儿童福利研究 (Fragile Families and Child Wellbeing Study), 27

170

南茜·弗雷泽(Fraser, Nancy), 56、124、127、128、129

自动欺诈检测系统(fraud detection systems, automated), 34、69

德斯·弗里德曼(Freedman, Des), 100

吉姆·弗鲁奇特曼(Fruchterman, Jim), 64

克里斯蒂安·富克斯(Fuchs, Christian), 17

功能主权(functional sovereignty), 129

V. 加利斯(Galis, V.), 116

奥斯卡·甘迪(Gandy, Oscar), 29、65、135

帮派成员数据库(gang member database), 35、71

S. P. 甘加达兰(Gangadharan, S. P.), 134

S. A. 甘特尔(Ganter, S. A.), 48、49

铃木·加维(Garvey, Shunryu), 36

英国国家通讯总局(GCHQ), 91、101

蒂姆尼特·格布鲁(Gebru, Timnit), 64、65

欧盟《通用数据保护条例》[General Data Protection Regulation (GDPR), EU], 92、94、95、99、101、131

地理信息系统(geographic information systems, GIS), 32、112

幽灵工作(ghost work), 21

全球数据正义项目(Global Data Justice project), 50

曼彻斯特大学全球发展研究所(Global Development Institute, University of Manchester), 50

谷歌(Google), 12、15、17、34、43、44、67、131、135

J. 戈登(Gordon, J.), 29、32

阿尔·戈尔(Gore, Al), 14

政府使用算法系统(government uses of algorithmic systems), 25—39、67—71

获得服务和福利(access to services and benefits), 67—70

取消使用的系统(cancelled systems), 35、36、37、38

对数据中信任的挑战(challenging faith in data)，26、27

儿童福利系统(child welfare systems)，27、37

公民身份(citizenship and)，78—83

数据泄露(data breaches)，65、66

民主(democracy and)，81—84

产生鸿沟(as distancing)，32—37

人脸识别系统(facial recognition systems)，64、65、86

数据系统和结构性暴力的历史(history of data systems and structural violence)，28—31

潜在的未来(potential futures of)，37—39

预测系统(predictive systems)，27、32—36、70、71、78—83、96、97

M. 格雷(Gray，M.)，21

N. 格雷格(Gregg，N.)，127

S. A. 古纳拉特纳(Gunaratne，S. A.)，46

塞达·居尔塞斯(Gürses，Seda)，22

L. R. 古兹曼(Guzmán，L. R.)，54

尤尔根·哈贝马斯(Habermas，Jürgen)，126

I. 哈金(Hacking，I.)，30

萨里·哈纳菲(Hanafi，Sari)，56

罗伯特·汉尼根(Hannigan，Robert)，101

危害，见数据危害(harms see data harms)

L. M. 哈里斯(Harris，L. M.)，113

大卫·哈维(Harvey，David)，20

标签行为主义(hashtag activism)，116—119

标签劫持(hashtag hijacking)，116

H. D. 哈辛(Hazen，H. D.)，113

理查德·希克斯(Heeks，Richard)，50

A. 海尔蒙德(Helmond，A.)，18

P. 亨曼(Henman，P.)，32

A. 海普(Hepp，A.)，80

W. 希格比(Higbee，W.)，46

HireVue 招聘系统(HireVue system)，64

自动化招聘系统(hiring systems，automated)，64

安娜·劳伦·霍夫曼(Hoffmann，Anna Lauren)，28—30、72、125、126、134

家庭护理算法系统(homecare algorithmic system)，69

P. N. 霍华德(Howard，P. N.)，115

玛格丽特·胡(Hu，Margaret)，67、68

人权(human rights)，6、27、36、92、132、133

超轻推(hypernudge)，128

IBM，34、70、131

身份盗窃(identity theft)，66

恐怖主义立法独立审查员(Independent Reviewer of Terrorism Legislation，UK)，101

印度(India)，50、66、70

印第安纳州(Indiana)，70

土著和第一民族(Indigenous and First Nations peoples)，30、63、113、114

本土数据主权(Indigenous Data Sovereignty，IDS)，4、51、99

信息专员办公室(Information Commissioners Office，UK)，86

知情用户概念(informed user concept)，95—97

基础设施的依赖(infrastructural dependency)，19、20

不公正(injustice)，70、71

算法制度性政治(institutional politics of algorithms)，115

"数据制度性政治"，特指数据化对群体和个人的自上而下的影响。后者(institutional politics of data，refers to the top-down effects of datafication on groups and individuals. The latter), 108

英国情报机构服务法案(1994) [Intelligence Services Act (1994), UK] , 91

交叉女权主义(intersectional feminism), 54、55

英国调查权力法案(2016) [Investigatory Powers(IP) Act (2016), UK] , 92、93、100、101

调查权审裁处 [Investigatory Powers Tribunal(IPT), UK] , 101

威廉·艾萨克(Isaac, William), 71

恩金·伊辛(Isin, Engin), 28、29、45、52

S. J. 杰克逊(Jackson, S. J.), 116

尼基塔·贾因(Jain, Nikita), 116

布鲁恩·詹森(Jensen, Bruhn), 125、126

F. 约翰斯(Johns, F.), 28、29

迪维吉·乔希(Joshi, Divij), 61

算法主义(jus algoritmi), 77、78

正义即公平(justice as fairness), 125、126

韩国流行文化的粉丝(K-Pop fans), 119

F. 卡尔特纳(Kaltheuner, F.), 96

埃丝特·卡普兰(Kaplan, Esther), 66

A. 考恩(Kaun, A.), 106

K. C. 凯洛格(Kellogg, K. C.), 119

凯文·凯利(Kelly, Kevin), 43

海伦·肯尼迪(Kennedy, Helen), 107、108

凯恩斯主义(Keynesianism), 33

多萝西·基德(Kidd, Dorothy), 113

罗布·基钦(Kitchin, Rob), 28、31、81、82

N. 克莱因(Klein, N.), 24

知识经济(knowledge economy), 16、17

劳动力(labour), 16、17、21、22

171

B. 拉尔金(Larkin，B.)，110

杰夫·拉尔森(Larson，Jeff)，63

J. E. 路易斯(Lewis，J. E.)，38

自由权(Liberty)，101

生活结果预测(life outcome prediction)，27

阿肯色州的小石城(Little Rock，Arkansas)，69

本地化政策(localization policies)，99

M. 洛奇(Lodge，M.)，29

S. 隆伯格(Lomborg，S.)，1

伦敦大都会帮派矩阵(London Met Gang Matrix)，35、71

克里斯蒂安·卢姆(Lum，Kristian)，71

大卫·里昂(Lyon，David)，65

D. 麦坎德利斯(McCandles，D.)，65

机器学习(machine learning)，27、130

M. 马登(Madden，M.)，63

米尔卡·马迪亚努(Madianou，Mirca)，52

M. 梅克尔伯格(Maeckelbergh，M.)，110

J. C. 麦哲伦(Magalhães，J. C.)，43、44

伊科·马里(Maly，Ico)，116

操纵(manipulation)，67、115、117

列夫·马诺维奇(Manovich，Lev)，21

反数据映射(counter-data mapping)，112—114

犯罪地图(crime maps)，32

作为殖民主义的工具(as tool for colonialism)，29、30、113

苏利亚·马图(Mattu，Surya)，63

维克托·迈尔-舍恩伯格(Mayer-Schönberger，Viktor)，1、42、43

U. A. 梅西亚斯(Mejias，U. A.)，52、53

C. 梅利亚多(Mellado，C.)，47—49、55

琼·梅利亚(Mellea, Joan)，64

A. 孟(Meng, A.)，112

菲利帕·梅特卡夫(Metcalfe, P.)，77

墨西哥(Mexico)，117、118

密歇根综合数据自动化系统(Michigan Integrated Data Automated System, MiDAS)，34、69

微软公司(Microsoft)，12、15、131

W. D. 米格诺罗(Mignolo, W. D.)，45、53

斯特凡妮亚·米兰(Milan, Stefania)，44、84、107—111、115

Y. 米尔纳(Milner, Y.)，30

莱昂·穆萨维(Moosavi, Leon)，53

伊夫格尼·莫洛佐夫(Morozov, Evegny)，26

文森特·莫斯可(Mosco, Vincent)，12、13

穆列尔·布唐(Moulier Boutang)，Y.，16

D. 芒福德(Mumford, D.)，55

叙事能力(narrative capacity)，119

美国国家安全局 [National Security Agency(NSA)，USA] ，77、78

新自由主义(neoliberalism)，13、20、31、33、34、37、75、82

荷兰(Netherlands)，34、99

C. 纽梅耶(Neumayer, C.)，116

N. 纽曼(Newman, N.)，63

杰德尔泽吉·尼古拉斯(Niklas, J.)，93、134

反对技术暴君(NoTech-forTyrants)，135

权力的寡头垄断(oligopoly of powers)，46

埃里克·奥林·赖特(Olin Wright, Erik)，23、24、134

凯茜·奥尼尔(O'Neil, Cathy)，64

F. 奥尔特加(Ortega, F.)，48、49

L. 潘格拉齐奥(Pangrazio, L.)，85

帕帕查里西(Papacharissi，Z.)，76

G. F. 帕帕斯(Pappas，G. F.)，53

尼吉尔·帕克斯(Parks，Nijeer)，65

公民参与(participation，citizen)，85、86

人工智能造福人类和社会协会(Partnership on Artificial Intelligence to Benefit People and Society)，131

F. 帕斯夸尔(Pasquale，F.)，129

发薪日贷款(payday loans)，62、63

贾斯汀·佩里(Perry，Justin)，69

林赛·佩里(Perry，Lindsay)，69

个性化(personalization)，82

人身损害(physical injury)，66

平台合作主义运动(platform cooperativism movement)，4、5

平台劳动力(platform labour)，21、22

平台权力(platform power)，22

平台化(platformization)，18、19、20

多元的替代知识(pluriversal knowledges)，47、53—56

警务罪案地图(policing crime maps)，32

人脸识别系统(facial recognition systems)，64、65

预测系统(predictive systems)，27、32、70、71、83

政治运动(political campaigning)，67

玛莎·潘(Poon，Martha)，13、23

后殖民主义理论(post-colonial theories)，51—53

贫困衡量标准(poverty measurements)，30、31

预测系统(predictive systems)，27、32—36

公民身份(citizenship and)，78—83

警务(policing)，27、32、70、71、83

政策(policy and)，96、97

歧视性定价(pricing, discriminatory), 62、63

优先执法计划(Prioritized Enforcement Program, USA), 68

欧盟电子通信隐私指令(Privacy and Electronic Communications Directive, EU), 92

隐私侵害(privacy breaches), 65、66

隐私国际(Privacy International), 70、101

私人公民(private citizenship), 76

私有化(privatization), 15、20、37

主动数据行动主义(proactive data activism), 109、110

可编程基础设施(programmable infrastructures), 22

美国军事项目 Maven (Project Maven), 135

宣传(propaganda), 115、117

非盈利新闻工作室 ProPublica (ProPublica), 63、64、70、71

抗议运动，见社会运动公私合作伙伴关系(protest movements see social movements public private partnerships), 34

172

邱林川(Qiu, Jack Linchuan), 21

约翰·罗尔斯(Rawls, John), 125、126

被动数据行动主义(reactive data activism), 109、110

自动招聘系统(recruitment systems, automated), 64

划红线(redlining), 62、63

规制，见数据政策(regulation see data policy)

英国《调查权力规范法》(2000)［Regulation of Investigatory Powers Act (RIPA)(2000)］, UK, 91

亚马逊图像识别系统(Rekognition system), 64

相关性(relationality), 45

食利者资本主义(rentier capitalism), 19、20

P. 理查乌特(Ricaurte, P.), 52

R. 理查森(Richardson, R.), 32、38、39

权利(rights)，6、27、36、92、132、133

D. 罗伯茨 Roberts，D.，37、38、39

澳大利亚在线合规干预系统丑闻(Robodebt scandal)，68、69

克莱门西亚·罗德里格斯(Rodríguez，Clemencia)，54

皇家学会(Royal Society)，86

皇家联合研究所(Royal United Services Institute，UK)，101

伊芙琳·鲁珀特(Ruppert，Evelyn)，1、28、29、45、52、108、130、131

贾森·萨多夫斯基(Sadowski，Jathan)，18、19

J. 桑切斯-蒙德罗(Sánchez-Monedero，J.)，64

I. 桑达(Sander，I.)，85

迈克尔·桑德斯(Sanders，Michael)，27

T. 斯卡萨(Scassa，T.)，112

评分系统(scoring systems)，33—36、78—83、96、97

J. 斯科特(Scott，J.)，29、30

J. 塞夫顿-格林(Sefton-Green，J.)，85

阿玛蒂亚·森(Sen，Armatya)，127

墨西哥西尼亚实验室(Signa Lab，Mexico)，118

R. 辛格(Singh，R.)，54

奴隶制(slavery)，29—30

智慧城市(smart cities)，81、82

达拉斯·沃克·斯麦斯(Smythe，Dallas Walker)，17

雅各布·斯诺(Snow，Jacob)，64

斯诺登泄密事件(Snowden leaks)，3、77、92、93、100、130、133

中国社会信用评分系统(social credit score，China)，78、79

社会工厂(social factory)，16、17

社会正义(social justice)，2—6、123—137

反规范的正义(abnormal justice)，125、128—130、135

数据伦理(data ethics), 131、132、133

人权角度(human rights perspective), 132、133

信息、沟通与媒体正义(information, communication and media justice), 125—127

动员(mobilization for), 133—135

回应数字化(responding to datafication), 130—133

正义理论(theories of justice), 125—127

社会运动(social movements), 4、5、84、105—121

算法政治/行动主义(algorithmic politics/activism), 115—119

反资本主义(anti-capitalism), 23、24

反数据行动/映射(counter-data action/mapping), 112—114

数据代理(data agency), 107、108

数据政治(data politics), 108

生态(ecologies), 109、110

基础设施(infrastructures), 110、111

平台合作主义(platform cooperativism), 4、5

多元的替代知识(pluriversal knowledges and), 55、56

主动和被动数据行动主义(proactive and reactive data activism), 109—110

社会分类系统(social sorting systems), 33—36、78—83、96、97

社会分层(social stratifications), 21

软件即服务(software-as-a-service), 22

D. J. 索罗夫(Solove, D. J.), 60、66

功能主权(sovereignty functional), 129

本土数据(indigenous data), 4、51、99

技术的(technological), 5、51、99

西班牙(Spain), 5、51、99、118

尼克·斯尔尼塞克(Srnicek, Nick), 13、14、21

国家行动主义(statactivism)，112

国家监控(state surveillance)，91—94、96、100、101

阻止洛杉矶警方监视联盟(StopLAPDSpying Coalition)，134

战略逻辑(strategic logics)，24、134

次贷金融危机(sub-prime crisis)，62、63

S. 苏瑞(Suri，S.)，21

监视资本主义(surveillance capitalism)，17、18、20、96

监视员工(surveillance of employees)，66

监视政策(surveillance policy)，91—94、100、101

安娜·苏兹纳(Suzina，Ana)，49

典型暴力(symbolic violence)，30

S. G. 泰罗(Tarrow，S. G.)，108

科技工人联盟(Tech Workers Coalition)，135

技术解决方案主义(technological solutionism)，26

技术主权(technological sovereignty)，5、51、99

反对大科技公司滥用职权运动(#TechWontBuildIt campaign)，135

英国《电信法案》(1984) [Telecommunications Act (1984)，UK]，91

J. 撒切尔(Thatcher，J.)，112

玛格丽特·撒切尔(Thatcher，Margaret)，31

K. 珀瑟伦(Thelen，K.)，22

C. 泰罗(Tilly，C.)，108

《时代》杂志(Time magazine)，69

透明度悖论(transparency fallacy)，95、96

A. 特劳布(Traub，A.)，30

E. 塔克(Tuck，E.)，52、53

Z. 图菲克希(Tufekci，Z.)，119

推特(Twitter)，67、116—119

朱莉·乌尔达姆(Uldam，Julie)，119

英国(United Kingdom)

自动欺诈检测(automated fraud detection)，34

公民参与(citizen participation)，86

数据政策(data policy)，91—94、100—102

帮派成员数据库(gang member database)，35、71

贫困衡量标准(poverty measurements)，30、31

联合国言论和意见自由特别报告(United Nations Special Rapporteur on Freedom of Expression and Opinion)，101

美国(United States)

自动欺诈检测(automated fraud detection)，34、69

自动福利资格系统(automated welfare eligibility systems)，70

反数据行动(counter-data action)，112

犯罪地图(crime maps)，32

数据化公民身份(datafication of citizenship)，77、78

歧视性定价(discriminatory pricing)，62

电子验证系统(E-Verify System)，67、68

人脸识别系统(facial recognition systems)，63、64

家庭护理算法系统(homecare algorithmic system)，69

预测性警务(predictive policing)，32

次贷金融危机(sub-prime crisis)，62、63

错误拘留(wrongful detention)，68

数据普世主义(universalism, data)，42—46

用户授权(user empowerment)，92、93、95—97

数据的价值(value of data)，16—20

J. 范·迪克(Van Dijck, J.)，108

N. 范·多恩(Van Doorn, N.)，19

乔里斯·范·霍博肯(Van Hoboken, Joris)，22

M. 维尔(Veale, M.)，38、93、95、96

173

媒介主义阶级(vectorialist class)，21

J. 维尔科娃(Velkova, J.)，106

S. 维尔容(Viljoen, S.)，97、98、100

互联性(vincularidad)，45、46

S. 卫斯波得(Waisbord, S.)，47、48、49、55

华尔街日报(Wall Street Journal)，63

伊曼纽尔·沃勒斯坦(Wallerstein, Immanuel)，46

C. E. 沃尔什(Walsh, C. E.)，45、53

麦肯齐·沃克(Wark, Mckenzie)，21

福利系统(Welfare systems)

自动化资格审批流程(automated eligibility processes)，70

儿童(child)，27、37

富国银行(Wells Fargo Bank)，62、63

美国西区亚特兰大土地信托(Westside Atlanta Land Trust, USA)，112

英国儿童社会护理中心(What Works for Children's Social Care Centre, UK)，27

梅雷迪思·惠特克(Whitaker, Meredith)，38、64

A. J. 威洛(Willow, A. J.)，113

亚瑟·沃尔夫(Wolf, Asher)，69

S. C. 伍利(Woolley, S. C.)，115

工作场所监视(workplace monitoring)，66

世界隐私论坛(World Privacy Forum)，62

克里斯托弗·怀利(Wylie, Christopher)，67

K. W. 杨(Yang, K. W.)，52、53

凯伦·杨(Yeung, Karen)，29、36、128

艾利斯·马瑞恩·杨(Young, Iris Marion)，124、125

S. 齐泽克(Žižck, S.)，45

肖莎娜·扎波夫(Zuboff, Shoshana)，17、18、20、106

图书在版编目(CIP)数据

数据正义/彭诚信主编;(英)莉娜·丹席克
(Lina Dencik)等著;向秦译.—上海:上海人民出
版社,2023
书名原文:Data Justice
ISBN 978-7-208-18434-3

Ⅰ.①数⋯ Ⅱ.①彭⋯ ②莉⋯ ③向⋯ Ⅲ.①数据管
理-研究 Ⅳ.①TP274

中国国家版本馆 CIP 数据核字(2023)第 143158 号

策 划 曹培雷 苏贻鸣
责任编辑 史尚华
封面设计 孙 康

数据正义

彭诚信 主编
[英]莉娜·丹席克
[英]阿恩·欣茨
[英]乔安娜·雷登   著
[英]埃米利亚诺·特雷

向 秦 译

出   版 上海人民出版社
          (201101 上海市闵行区号景路 159 弄 C 座)
发   行 上海人民出版社发行中心
印   刷 上海商务联西印刷有限公司
开   本 635×965 1/16
印   张 15
插   页 2
字   数 200,000
版   次 2023 年 8 月第 1 版
印   次 2023 年 8 月第 1 次印刷
ISBN 978-7-208-18434-3/D·4168
定   价 68.00 元

Data Justice

By Lina Dencik, Arne Hintz, Joanna Redden and Emiliano Treré

Originally Published by SAGE Publications Ltd

Editorial arrangement © Lina Dencik, Arne Hintz, Joanna Redden and Emiliano Treré 2022

Simplified Chinese Copyright © 2023 by Shanghai People's Publishing House

Apart from any fair dealing for the purposes of research, private study, or criticism or review, as permitted under the Copyright, Designs and Patents Act, 1988, this publication may not be reproduced, stored or transmitted in any form, or by any means, without the prior permission in writing of the publisher, or in the case of reprographic reproduction, in accordance with the terms of licences issued by the Copyright Licensing Agency. Enquiries concerning reproduction outside those terms should be sent to the publisher.

ALL RIGHTS RESERVED

上海人民出版社·独角兽

"人工智能与法治"书目

一、"独角兽·人工智能"系列

第一辑 《机器人是人吗?》
　　　　《谁为机器人的行为负责?》
　　　　《人工智能与法律的对话》
第二辑 《机器人的话语权》
　　　　《审判机器人》
　　　　《批判区块链》
第三辑 《数据的边界:隐私与个人数据保护》
　　　　《驯服算法:数字歧视与算法规制》
　　　　《人工智能与法律的对话2》
第四辑 《理性机器人:人工智能未来法治图景》
　　　　《数据交易:法律·政策·工具》
　　　　《人工智能与法律的对话3》
第五辑 《人脸识别:看得见的隐私》
　　　　《隐私为什么很重要》
　　　　《课税数字经济》
第六辑 《"付费墙":被垄断的数据》
　　　　《数据正义》
　　　　《监管数字市场:欧盟路径》

二、"独角兽·未来法治"系列

《人工智能:刑法的时代挑战》
《人工智能时代的刑法观》
《区块链治理:原理与场景》
《权力之治:人工智能时代的算法规制》
《网络平台治理:规则的自创生及其运作边界》
《数字素养:从算法社会到网络3.0》
《大数据的巴别塔:智能时代的法律与正义》
《元宇宙:技术、场景与治理》
《元宇宙的秩序:虚拟人、加密资产以及法治创新》
《辩证元宇宙:主权、生命与秩序再造》

三、"独角兽·区块链"系列

《人工智能治理与区块链革命》
《区块链与大众之治》
《加密货币、区块链与全球治理》
《链之以法:区块链值得信任吗?》

"法学精品"书目

《辛普森何以逍遥法外?》
《费城抉择:美国制宪会议始末》
《改变美国——25个最高法院案例》
《无罪之罚:美国司法的不公正》
《告密:美国司法黑洞》
《辩护的无力:美国司法陷阱》
《法律还是情理?——法官裁判的疑难案件》
《死刑——起源、历史及其牺牲品》
《制衡——罗伯茨法院里的法律与政治》
《弹劾》

《美国法律体系(第4版)》
《澳大利亚法律体系》

《推开美国法律之门》
《正义的直觉》
《失义的刑法》
《刑事对抗制的起源》
《货币的法律概念》
《哈特:法律的性质》
《美国合同法案例精解(第6版)》

《德国劳动法(第11版)》
《德国资合公司法(第6版)》
《监事会的权利与义务(第6版)》

《中华法系之精神》
《民法典与日常生活》
《民法典与日常生活2》
《刑法与日常生活》
《数字货币与日常生活》
《个人信息保护法与日常生活》
《家庭教育促进法与日常生活》

阅读,不止于法律,更多精彩书讯,敬请关注:

　微信公众号　　　微博号　　　视频号